MEYERS
FORUM

Andreas Dengel
Künstliche Intelligenz

PROF. DR. ANDREAS DENGEL, geb. 1961 in Münchweiler a. d. Rodalb; 1980–86 Studium der Informatik und der Wirtschaftswissenschaften an der Universität Kaiserslautern, 1989 Promotion an der Universität Stuttgart; seit 1993 Prof. für Informatik an der Universität Kaiserslautern; seit 1989 am Deutschen Forschungszentrum für Künstliche Intelligenz (DFKI) in Kaiserslautern und seit 1993 wissenschaftlicher Direktor. 1988 Preisträger der Deutschen Arbeitsgemeinschaft für Mustererkennung (DAGM). – Hauptarbeitsgebiete: Künstliche Intelligenz, Mustererkennung, geometrische Modellierung, Kognitionswissenschaften.
Veröffentlichungen: über 50 Veröffentlichungen zur Künstlichen Intelligenz und Mustererkennung.

MEYERS
FORUM

Andreas Dengel

Künstliche Intelligenz

Allgemeine Prinzipien und Modelle

B.I.-Taschenbuchverlag
Mannheim · Leipzig · Wien · Zürich

MEYERS FORUM 13

Die Deutsche Bibliothek – CIP-Einheitsaufnahme
Dengel, Andreas: Künstliche Intelligenz:
allgemeine Prinzipien und Modelle / Andreas Dengel. –
Mannheim; Leipzig; Wien; Zürich:
BI-Taschenbuchverl., 1994
(Meyers Forum; 13)
ISBN 3-411-10271-3
NE: GT

Satz: Krebs-Gehlen-Druck GmbH, Hemsbach
Druck und Bindearbeit: C.H. Beck'sche Buchdruckerei,
Nördlingen
Printed in Germany
ISBN 3-411-10271-3

Inhaltsverzeichnis

Vorwort

Computer können heute längst mehr als nur Daten verarbeiten – sie sind in der Lage, mit Wissen umzugehen. Mit ihrer Fähigkeit, riesige Datenmengen zu speichern und zu verwalten, können Computersysteme, die über eine Wissensbasis verfügen, Zusammenhänge, Regelmäßigkeiten, Analogien und Widersprüche aufdecken helfen. Aufgrund der Unempfindlichkeit gegenüber bestimmten Umwelteinflüssen erlauben sie es aber auch, Roboter für Arbeiten einzusetzen, die von Menschen nur unter großem Risiko auszuführen wären. Die Präzision, mit der sie mechanische Fertigungsprozesse steuern, erlaubt die Produktion von Werkstücken, deren Qualität von Menschen nicht erreicht werden kann.

Die dabei angewendeten Methoden stellen das Ergebnis der Erforschung von intelligentem Verhalten beim Menschen dar und dienen als Grundlage für vergleichbare Simulationsmodelle auf dem Computer. Die große Herausforderung für die Wissenschaftler, die auf diesem Gebiet arbeiten, ist dabei, das Wesen der menschlichen Denkprozesse, des Lernens, der Sprache und der Verschlüsselung von Wissen zu verstehen und Methoden zu entwickeln, um diese Vorgänge mit den Möglichkeiten eines Computers zu simulieren.

Die Künstliche Intelligenz (KI) hat nach den frühen Anfangserfolgen in den letzten Jahren viele Rückschläge erfahren. Jedoch hat sich die Haltung zu dieser Wissenschaft in jüngster Zeit stark verändert. Die KI oder besser: die maschinelle Verarbeitung von Wissen ist heute viel problemorientierter geworden. Aus den Spielwelten der siebziger Jahre wurden Alltagsprobleme, zu deren Bewältigung die Prinzipien und Methoden der KI in erheblichem Maße beitragen. Aus diesem Grund wird die KI im nächsten Jahrhundert einen wichtigen Wirtschaftsfaktor darstellen, der können in erheblichem Umfang zu einer Veränderung der Arbeitsqualität beitragen kann.

Man sollte bei dem Begriff KI jedoch vermeiden, allzusehr den Menschen als ultimatives Vergleichskriterium heranzuziehen, denn man darf nie vergessen, daß der Mensch kein diskret herleitendes Objekt ist, sondern ein abwägendes Subjekt.

Kaiserslautern, Januar 1994 Andreas Dengel

1. Kapitel: Einführung in das Thema

Trotz vielfacher Versuche des Menschen, seine eigene intellektuelle Leistungsfähigkeit zu definieren, gibt es bis heute weder ein Schema noch ein Naturgesetz, nach dessen Regeln Intelligenz gemessen werden kann. Der Begriff Intelligenz ist schwer (er)faßbar und läßt sich nicht einfach nach bestimmten Normen und Werten festlegen. In den meisten Fällen wird er im Kontext von rein subjektiv empfundenen Verhaltensmustern verwendet.

Vor diesem Hintergrund schickt sich eine Wissenschaft an, Intelligenz mit Hilfe von Computern zu simulieren – *Künstliche Intelligenz (KI)*.

Die Initialzündung für die ›KI-Welle‹ war eine Konferenz, die auf dem Campus des Dartmouth College in Hanover im US-Bundesstaat New Hampshire im Sommer des Jahres 1956 stattfand. Ihre Initiatoren prägten den Begriff ›Artificial Intelligence‹, der in wörtlicher Übersetzung als ›Künstliche Intelligenz‹ auch ins Deutsche übernommen wurde. Die Teilnehmer der Konferenz – u.a. so berühmte Namen wie etwa John McCarthy, Marvin Minsky, Allan Newell, Nathanael Rochester oder Herbert A. Simon, um nur einige zu nennen – waren sich der Problematik dieses Begriffs bewußt, haben ihn aber dennoch verwendet. Der Ausgangspunkt ihrer Erörterungen war die Annahme, daß sämtliche Eigenschaften der Intelligenz sich in Form abstrakter Modelle präzise beschreiben lassen. Aus dieser Überzeugung heraus folgerten sie, daß Denkprozesse nicht ausschließlich dem Menschen vorbehalten sind, sondern durchaus auch außerhalb des menschlichen Gehirns stattfinden können, und daß das beste außermenschliche Instrument für diesen Zweck der Computer sei.

Aus dieser Aussage leiteten viele Forscher den Anspruch ab, daß der Mensch mittels der KI auf der Suche nach der Ursache seiner eigenen Existenz einen Homunkulus anstrebt, der über die gleiche Wahrnehmungsfähigkeit oder Kreativität verfügt.

Tatsächlich verfolgen einige Wissenschaftler noch immer das Ziel, auf der Basis der Erkenntnis über das menschliche Verhalten ein ›maschinelles Gehirn‹ zu bauen, das in Verbindung mit einer hochentwickelten Sensorik und Motorik dem Menschen ebenbürtig, ja sogar überlegen sein soll. Dabei wird von einer stark

›operationalistischen‹ Definition der KI ausgegangen, welche auf einem – so nimmt man an – wissenschaftlich fundierten Test basiert, dem *Turing-Test* (vgl. Abb. 1). Der von Alan Turing, einem der geistigen Väter der KI, in der philosophischen Zeitschrift ›Mind‹ 1950 vorgeschlagene Test beruht auf folgendem Sachverhalt: Sofern ein Computer in der Lage ist, ein Problem so zu lösen, daß ein Experte nicht mehr unterscheiden kann, ob die Leistung von einem Menschen oder einem Computer vollbracht wurde, besitzt der Computer die gleiche Fähigkeit wie der Mensch.

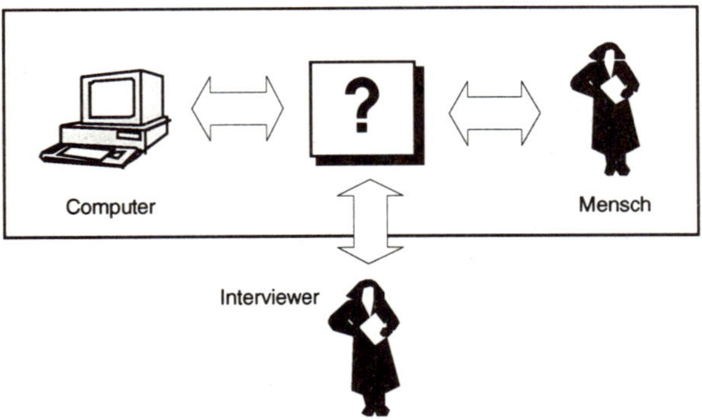

Abb. 1: Prinzipieller Aufbau des Turing-Tests: Der menschliche Interviewer soll die Antworten von Mensch und Maschine unterscheiden.

Diese Annahme ist gefährlich, denn selbst Systeme, die etwa eine Sprache in eine andere übersetzen können, sind auf diesem spezifischen Gebiet an der menschlichen Fähigkeit meßbar, erbringen jedoch eine völlig andere Art von intellektueller Leistung. Dabei ist die Qualität des Umgangs mit formalen Symbolen durch einen Computer eine völlig andere als die des menschlichen Denkens.

John R. Searle gab 1990 in der Zeitschrift Spektrum der ›Wissenschaft‹[1] ein anschauliches Beispiel dafür, wie ein Computer Intelligenz simulieren kann:

Das chinesische Zimmer
›Nehmen Sie eine Sprache, die Sie nicht verstehen. Ich persönlich verstehe kein Chinesisch; für mich sind chinesische

Schriftzeichen nur sinnlose Krakel. Stellen Sie sich nun vor, ich würde in ein Zimmer gesetzt, das Körbe voller Kärtchen mit chinesischen Symbolen enthält. Nehmen wir ferner an, man hätte mir ein Buch in meiner Muttersprache Englisch in die Hand gedrückt, das angibt, nach welchen Regeln chinesische Zeichen miteinander kombiniert werden. Dabei werden die Symbole nur anhand ihrer Form identifiziert, ohne daß man irgendeines verstehen muß. Eine Regel könnte also sagen: 'Nimm ein Krakel-Krakel-Zeichen aus dem Korb Nummer 1 und lege es neben ein Schnörkel-Schnörkel-Zeichen aus Korb Nummer 2.'

Angenommen, von außerhalb des Zimmers würden mir Menschen, die Chinesisch verstehen, kleine Stöße von Kärtchen mit Symbolen hereinreichen, die ich nach den Regeln aus dem Buch manipuliere; als Ergebnis reiche ich dann meinerseits kleine Kartenstöße hinaus. In die Computersprache übersetzt, wäre also das Regelbuch das Computerprogramm, sein Autor der Programmierer und ich der Computer; die Körbe voller Symbole wären die Daten, die kleinen mir ausgehändigten Stöße die Fragen und die von mir hinausgereichten Stöße die Antworten.

Nehmen wir nun an, das Regelbuch sei so verfaßt, daß meine Antworten auf die Fragen von denen eines gebürtigen Chinesen nicht zu unterscheiden sind. Beispielsweise könnten mir die Leute draußen eine Handvoll Symbole hereinreichen, die – ohne daß ich das weiß – bedeuten: 'Welches ist Ihre Lieblingsfarbe?' Nach Durcharbeiten der Regeln würde ich dann einen Stoß Symbole zurückgeben, die – was ich ebensowenig weiß – beispielsweise hießen: 'Meine Lieblingsfarbe ist blau, aber grün mag ich auch sehr.' Also hätte ich den Turing-Test für Chinesisch bestanden.‹

Nachdem die klassische KI, die sich vor allem mit der Manipulation von Symbolen beschäftigt, in den letzten Jahren immer stärker in Frage gestellt wurde, setzte man große Erwartungen in den Bereich der Simulation neuronaler Netze, der sich in den Verarbeitungsprinzipien wesentlich enger an dem Vorbild Gehirn orientiert.

Künstliche Neuronale Netze bestehen aus einfachen, uniformen Verarbeitungseinheiten, die in idealisierter Form Eigenschaften von Nervenzellen des Gehirns – den *Neuronen* – verkörpern. Jedes Künstliche Neuronale Netz repräsentiert ein Netzwerk von Neuronen, das einzelne Funktionen des Gehirns simulieren soll. Ich werde später noch näher auf diese Form von Wissensverarbeitung eingehen.

Zwar kann man konnektionistischen Modellen, ebenso wie der Symbolmanipulation, eine gewisse intellektuelle Leistung zubilligen, doch auch sie scheitern letztlich an der Begrenztheit der Hilfskonstruktion, welche sie selbst darstellen, sowie an der Komplexität des biologischen Vorbildes und der darin stattfindenden Prozesse. Es ist ein bodenloses Unterfangen, die Wechselwirkung von mehr als 10 Milliarden Nervenzellen erklären zu wollen, die allein in der Großhirnrinde mit mehr als 100 Billionen Kontakten untereinander verbunden sind und, in einer einzigen Schicht auf einer Ebenen ausgebreitet, eine Fläche von mehreren Quadratkilometern bedecken würden.

Die anfängliche Faszination und Mystik des Reizwortes ›Künstliche Intelligenz‹ ist längst verflogen, und die Projekte, die in Verbindung mit KI durchgeführt werden, sind von ihrem Anspruchsdenken wesentlich bescheidener geworden. Zum Großteil orientieren sich heutige Vorhaben an aktuellen anwendungsorientierten Problemstellungen – in Bereichen wie etwa der Informatik, der Computerlinguistik oder der Bildverarbeitung –, zu deren Lösung die KI einen wesentlichen Beitrag leisten kann.

Natürlich kann dieses Buch keinen umfassenden Überblick über die KI und ihre einzelnen Forschungsfelder geben. Jedoch möchte ich dem Leser vermitteln, wo das Anliegen und die Ziele der KI liegen, aber auch, wo die Grenzen des Anspruchs gesetzt sind, eine intelligente Maschine nach dem Vorbild Mensch zu bauen.

Ich möchte aufzeigen, wo die Gemeinsamkeiten und Unterschiede der menschlichen Vorgehensweise und der beschriebenen Modelle und Methoden liegen, und war daher stets bemüht, auf die Problematik der maschinellen Simulation einzugehen und gleichzeitig auf die zum Großteil unreflektierten Techniken des Menschen hinzuweisen.

2. Kapitel: Prinzipien der maschinellen Wissensverarbeitung

Wenn wir im täglichen Leben jemanden als ›intelligent‹ bezeichnen, so umschreiben wir damit Eigenschaften wie

... hat eine gute bzw. schnelle Auffassungsgabe,
... weiß sich bestimmten Gegebenheiten schnell anzupassen,
... findet sich in jeder Situation zurecht oder
... erkennt Zusammenhänge und weiß sie zu deuten.

Intuition, Bildungsgrad sowie eine gewisse Begabung spielen für solche Fähigkeiten sicherlich eine Rolle. Jedoch beruhen sie letztlich alle auf dem Vorhandensein von Wissen, welches es der oder dem Betreffenden erlaubt, Eindrücke gezielt zu interpretieren. Auf der Basis eines breiten und fundierten Wissensstandes läßt sich für den Menschen eine – durchaus nicht vollständige – Liste von Attributen angeben, welche Intelligenz voraussetzen:

- geistige Grundhaltungen (Glauben, Wünsche, Absichten);
- Fähigkeit, komplexe Probleme in überschaubare Aufgaben zu zerlegen;
- Erkennen von Zusammenhängen und Ableiten neuer Fakten;
- Verstehen von unvollständigen und mehrdeutigen Sachverhalten;
- Vorhersagen von erwarteten Aktionen;
- Bewertendes Vergleichen von Alternativen;
- Bewußtsein über die eigenen Grenzen;
- Fähigkeit zu Generalisierung und Abstraktion;
- Wahrnehmen und Verifizieren von visuellen Sinneseindrücken;
- Wissensaufnahme und -bereicherung (Lernen);
- Fähigkeit zur Kommunikation (Sprache, Gestik, Mimik, usw.).

Als besonders wichtige Attribute erscheinen die Fähigkeiten der Kommunikation, der Wahrnehmung und des Lernens. Menschen kommunizieren über Dialoge, Texte, Bilder oder andere Medien. Sie eignen sich auf diese Weise u.a. neues Wissen an und kommunizieren mit anderen Personen darüber. Die Beschäftigung mit

Kommunikation, insbesondere mit Sprache, führt damit zwangsläufig auch zu der Beschäftigung mit Intelligenz.

Viele der oben aufgelisteten Attribute sind für die KI und ihre Ziele von großer Bedeutung und können im Folgenden immer wieder mit den vorgestellten Techniken oder Systemen assoziiert werden. Sie sind jedoch in allen Fällen nur begrenzt auf sehr spezifische Lösungsverfahren oder eingeschränkte Problemstellungen übertragbar.

Es gibt bis heute keine allgemein anerkannte wissenschaftliche Definition dessen, was Intelligenz ist. Trotzdem haben es sich eine ganze Reihe von Wissenschaftlern zur Aufgabe gemacht, menschliches Verhalten mit Hilfe von Fragen zu messen und aufgrund der gegebenen Antworten einen entsprechenden Intelligenzquotienten (IQ) zu bestimmen. Der wohl bekannteste ist der von Termin und Meil im Jahre 1960 entwickelte Intelligenztest. Hier werden Kriterien betrachtet, die je nach Erfüllungsgrad anhand eines Punktesystems bewertet werden. Der Kriterienkatalog umfaßt Eigenschaften wie

- das Erkennen von Objekten,
- den Umfang des Vokabulars,
- das Identifizieren von Ähnlichkeit und Verschiedenheit von Objekten,
- Ergänzung unvollständiger Objekte usw.

Durch die ausschließliche Verwendung eines Punktesystems erlauben solche eher empirischen Tests wenig Rückschlüsse auf das Entstehen und die Entwicklung menschlicher Intelligenz.

Sollten solche Kriterien jedoch die Meßlatte für intelligentes Verhalten des Menschen sein, dann kann man sagen, daß es heute bereits Computersysteme gibt, die in ausgewählten Bereichen dieses Tests sehr gut mit den Menschen mithalten können. Heute gibt es u.a. Computersysteme, die

- Parabeln erfinden,
- Fragen über einfache Geschichten beantworten,
- Inhalte gedruckter Geschäftsbriefe interpretieren,
- geologische Daten auswerten und daraus Mineralvorkommen in Gesteinsschichten voraussagen,
- Infektionskrankheiten diagnostizieren und eine daraus abgeleitete Therapie vorschlagen.

Trotz dieser Fähigkeiten kann keines dieser Systeme als intelligent bezeichnet werden, nur weil es eine eng abgesteckte spezialisierte Aufgabe lösen kann. Es bleibt immer fraglich, ob die gleiche Methode auch auf eine erweiterte Aufgabenstellung mit gleichem Erfolg angewendet werden kann.

Manche dieser Systeme sind für Aufgaben konzipiert, die nicht von jeder beliebigen Person gelöst werden könnten. Es handelt sich vielmehr um Problemstellungen, welche in erster Linie von menschlichen Experten bearbeitet werden müssen. Solche wissensbasierten Systeme nennt man daher auch *Expertensysteme*. Ich werde später speziell auf diese Klasse von Systemen zurückkommen.

2.1 Daten und Wissen

Intelligentes Verhalten, sei es bei Menschen oder bei Computern, beruht in erster Linie auf der richtigen Verwendung von Wissen. Die Verarbeitung von Wissen ist keine Erfindung der KI. Wir Menschen sind in der Lage zu sehen, zu hören und zu fühlen und nehmen dadurch Reize sowie Daten aus unserer Umwelt auf. Im Gehirn werden sie verarbeitet und gespeichert, und sofern es die Situation erfordert geben wir die gespeicherte Information an andere weiter oder wenden sie an, um bestimmte Handlungen auszuführen.

Der Entwurf von Systemen, die Wissen verwenden und erwerben können, ist, wie STEVEN L. TANIMOTO in seinem Buch ›The Elements of Artificial Intelligence‹ herausstellt, eine wesentlich tiefere intellektuelle Aufgabe und Erfahrung als die Konstruktion eines Intellekts. Wissen unterscheidet sich in vielem von Daten, deren maschinelle Verarbeitung noch immer das wichtigste Betätigungsfeld von Computern ist. Daten, wie etwa Zahlen, Buchstaben oder Zeichenketten, sind ohne Wissen nicht interpretierbar. Nimmt man als Beispiele das Wissen etwa über

- das Alter, mit dem in Deutschland die Volljährigkeit erreicht ist,
- die Anzahl alternativer Lottozahlen oder
- die Farben der französchen Flagge,

so lassen sich diese durch einfache oder strukturierte Daten wie

- 18
- 49
- (BLAU, WEIß, ROT)

ausdrücken.

Verwendet man solche Daten in einem bestimmten Kontext, so führt dies zu einer völlig anderen Interpretation. Spricht man über die Zahl 49 in Verbindung mit dem Alter einer Person oder in Verbindung mit der Schuhgröße, so ist die Information, welche man durch das Datum erhält, eine ganz und gar andere. Auch die Assoziationen, die durch die Angabe des Alters oder der Schuhgröße geweckt werden, bedeuten implizit die Herleitung neuen Wissens: ›... reifes Alter‹, ›... Riesenfüße‹. Deshalb kann man – wie das schon Gerhard Barth, der Gründungsdirektor des DFKI (Deutsches Forschungszentrum für Künstliche Intelligenz) immer wieder herausstellte – Wissen vor allem als die Fähigkeit ansehen, Daten richtig zu interpretieren.

Aus dieser Aussage heraus lassen sich viele andere Aspekte von intellektuellem Leistungsvermögen ableiten. Daraus folgt aber auch, daß Daten den Ausgangspunkt für die Verarbeitung von Wissen bilden und daß eine maschinelle Verarbeitung von Wissen über die herkömmliche Datenverarbeitung hinausgehen muß.

Nicht immer ist es ohne weiteres möglich, die richtige Interpretation für Daten zu geben. Betrachtet man den Datensatz φυενφζιγ, so ist nicht jeder Leser zu einer richtigen Interpretation fähig. Selbst Leser, die des Griechischen mächtig sind, werden kein entsprechendes Wort kennen. Wenn ein Leser jedoch die einzelnen griechischen Zeichen in die entsprechenden lateinischen Schriftzeichen transformiert, dann *weiß* er auch, was der Datensatz bedeutet.

Wie auch immer, ob man griechische Buchstaben kennt oder nicht, man ist i.a. jederzeit trotzdem in der Lage, auf den Datensatz folgende einfache Verhaltensvorschrift anzuwenden:

<u>wenn</u>	die Sonne scheint
<u>dann</u>	schreibe das Wort φυενφζιγ fünfmal hintereinander
<u>sonst</u>	zähle die Zeichen des Wortes φυενφζιγ und schreibe die Anzahl nieder

Die konventionelle Datenverarbeitung durch Computer erfolgt genau nach diesem Prinzip. Was mit den vorgegebenen Daten geschehen soll, ist explizit Schritt für Schritt in einem Programm – dem *Algorithmus* – festgelegt. Der Computer befolgt diese Vorschrift, ohne jedoch Wissen über die von ihm vorgenommenen Operationen noch über die Reihenfolge ihrer Anwendung auf die Daten zu haben.

Die Nachteile dieser Art von Programmierung liegen in den Grenzen von Algorithmen. Sie sind in der Regel schwer zugänglich, zu wenig flexibel und nicht effizient. So hat man beispielsweise keine Einsicht in die ausgeführten Programmschritte, und jedes Problem bedeutet meist auch die Notwendigkeit, ein neues Programm schreiben zu müsssen (geringe Wiederverwendbarkeit von Programmen). Ein weiterer Nachteil besteht darin, daß sich manche Probleme nur sehr schwer oder gar nicht mit den verfügbaren Datenstrukturen beschreiben lassen. Sollten Sie eine konventionelle Programmiersprache beherrschen, so versuchen Sie einmal, die Vorfahrtsregelung an einer Kreuzung zu programmieren.

2.2 Strukturierung und Verwendung von Wissen

Eines der Kerngebiete der KI ist der Entwurf von Formalismen zur und das Verständnis von Wissensrepräsentation. Dies impliziert das Bestreben, Wissen so darzustellen, daß es einfach verwendet, aktualisiert und überprüft werden kann.

Grundsätzlich unterscheidet man zwischen deskriptivem oder deklarativem Wissen, das die Attribute von Objekten (oder Subjekten) einer Domäne beschreibt, z.B.

mein_auto
    Bezeichnung: Opel Kadett 1.8i
    Länge: 4,22 m
    Leistung: 66 KW
    Motor: Otto-Motor,
    ...

und operationalem oder prozeduralem Wissen, das beschreibt, wie die Objekte der Domäne zu behandeln sind, z.B.

wenn EIN_AUTO eine Ampel erreicht
und die Ampel auf ROT geschaltet ist
dann an der Haltelinie anhalten

wenn EIN_AUTO eine Ampel erreicht
und die Ampel auf GRÜN geschaltet ist
dann Kreuzung ohne anzuhalten überqueren
...

Der Term EIN_AUTO ist dabei irgendein Auto, also eine Variable. Wissen kann, nach der klassischen Art[2], mit Hilfe vieler verschiedener Formalismen dargestellt werden: als Sammlung heuristischer Regeln, in Form von logischen Sätzen, als Netzwerk von Relationen oder, wie oben beschrieben, als Menge von Attributen. Seine Darstellung impliziert die Art und Weise, wie man Schlußfolgerungen aus diesem Wissen verwendet, d.h., wie man aus dem explizit angegebenen Wissen neues Wissen herleitet. Ausgehend von einer Menge von Fakten, Beobachtungen oder Tatsachen (deskriptives Wissen) lassen sich so durch die Verwendung von Regeln (operationales Wissen) per Schlußfolgerung neue Fakten, Beobachtungen oder Tatsachen ableiten.

Dazu soll folgendes Beispiel betrachtet werden:

›Fritz hat sechs Kinder. Monika, die älteste Tochter, ist verheiratet und hat selbst einen Sohn namens Nicolas und eine Tochter namens Sophie. Die Söhne von Fritz heißen Matt und Frieder.‹

Aus diesem Text lassen sich eine Reihe von Fakten definieren, die das Wissen der einzelnen Satzaussagen formalisiert wiedergeben. Unsere Wissensbasis könnte demnach wie folgt aussehen:

Wissensbasis: *fritz* `HAT_KINDER` *6.*
monika `IST_TOCHTER_VON` *fritz.*
nicolas `IST_SOHN_VON` *monika.*
sophie `IST_TOCHTER_VON` *monika.*
matt `IST_SOHN_VON` *fritz.*
frieder `IST_SOHN_VON` *fritz.*

Nehmen wir nun an, daß wir ein ›KI-Auskunftssystem‹ zur Verfügung haben, das es uns erlaubt, Fragen über verwandtschaftliche Beziehungen von Personen zu stellen, etwa:

- Hat Fritz einen Sohn?
- Wie heißt die Tochter von Monika?
- Wie heißt der Vater von Frieder?
- Hat Sophie einen Bruder?
- Ist Fritz Großvater?

Um die Fragen an das System zu stellen, lehnen wir uns an die gleiche Notation an, wie sie schon für die Fakten der Wissensbasis verwendet wurden; also könnte man die erste Frage etwa wie folgt angeben:

WER `IST_SOHN_VON` *fritz?*

Der Term *WER* bezeichnet dabei wiederum eine Variable, deren Wert gefunden werden muß.

Der Schlußfolgerungsmechanismus, welcher wissensbasierten Systemen zugrunde liegt, wird allgemein als *Inferenzmechanismus* bezeichnet. Er durchsucht auch im Falle unseres Auskunftssystems die bestehende Wissensbasis, z.B. von oben nach unten, nach einem entsprechendem Faktum, das die Frage des Benutzers beantworten kann. Zunächst wird das Faktum

nicolas `IST_SOHN_VON` *monika.*

gefunden, dessen Prädikat namensgleich mit der Anfrageeigenschaft ist. Daher versucht der Inferenzmechanismus, eine Bindung herzustellen, d.h., die Variable *WER* wird zunächst an den Wert *nicolas* gebunden, wird jedoch gleich wieder verworfen, da keine Äquivalenz zwischen *fritz* und *monika* besteht.

Aufgrund des Fehlschlagens beim ersten Versuch, wird die Wissensbasis weiter durchsucht. Nach Prüfen des nächsten passenden Faktums kann die Frage beantwortet werden, und unser Auskunftssystem gibt die Antwort:

WER = matt.

Formalisiert man die zweite Frage auf die gleiche Weise und stellt sie an das System

WER `IST_TOCHTER_VON` *monika?,*

so antwortet das System mit:

WER = sophie.

Um die nächste Frage zu beantworten, reicht das Wissen unseres einfachen Auskunftssystems nicht mehr aus, da die Vaterbeziehung bisher nicht in der Wissensbasis repräsentiert ist. Aus diesem Grund muß die Wissensbasis erweitert werden.

Es gibt verschiedene Möglichkeiten, dies zu tun. Um jedoch nicht explizit jede existierende Vaterbeziehung angeben zu müssen, erweitert man die Wissensbasis um *Regeln*, welche die Vaterbeziehung allgemein beschreiben können. Solche einfachen Regeln könnten folgendermaßen formalisiert werden:

X `IST_VATER_VON` *Y*, *falls* *Y* `IST_SOHN_VON` *X*.
X `IST_VATER_VON` *Y*, *falls* *Y* `IST_TOCHTER_VON` *X*.

Bei einer entsprechenden Anfrage

WER `IST_VATER_VON` *frieder?*

wird wiederum versucht, entsprechende Werte an die Variablen zu binden, welche die Anfrage beantworten. Dies geschieht bei Anfragestellung zunächst durch Bindung von *WER* an *X* und *frieder* an *Y* und schließlich – nach Erfolg – durch die Bindung von *WER* an *fritz*.

So, wie die Wissensbasis durch eine Regel für die Vaterbeziehung erweitert wurde, können auch Regeln erstellt werden, die eine Bruderbeziehung oder eine Großvaterbeziehung repräsentieren:

X `IST_BRUDER_VON` *Y*, *falls*
  X `IST_SOHN_VON` *Z* *und* *Y* `IST_SOHN_VON` *Z*.

X `IST_BRUDER_VON` *Y*, *falls*
  X `IST_SOHN_VON` *Z* *und* *Y* `IST_TOCHTER_VON` *Z*.

und

X `IST_GROßVATER_VON` *Y*, *falls*
  Y `IST_SOHN_VON` *Z* *und* *Z* `IST_SOHN_VON` *X*.

X `IST_GROßVATER_VON` *Y*, *falls*
  Y `IST_TOCHTER_VON` *Z* *und* *Z* `IST_SOHN_VON` *X*.

X `IST_GROßVATER_VON` *Y*, *falls*
  Y `IST_SOHN_VON` *Z* *und* *Z* `IST_TOCHTER_VON` *X*.

X `IST_GROßVATER_VON` *Y*, *falls*
  Y `IST_TOCHTER_VON` *Z* *und* *Z* `IST_TOCHTER_VON`

Dieses Beispiel veranschaulicht einige wichtige Aspekte der generellen Arbeitsweise eines wissensbasierten Systems. Es zeigt auf, wie aus Wissen in Form von Fakten und Regeln neues Wissen inferiert, d.h. hergeleitet werden kann. Damit sind auch Architektur und wesentliche Bestandteile eines wissensbasierten Systems beschrieben. Sie sind in Abb. 2 noch einmal zusammengefaßt.

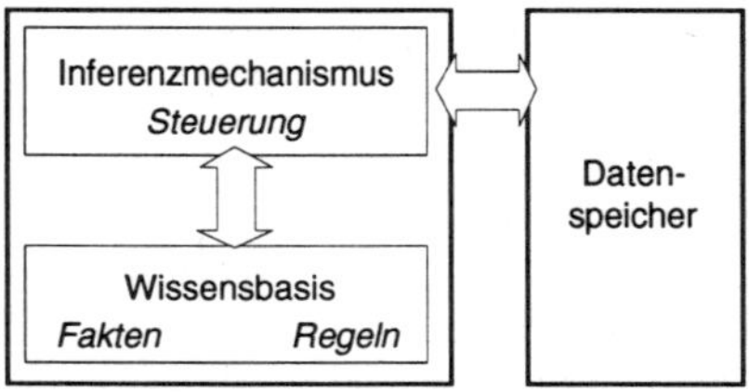

Abb. 2: Prinzipielle Architektur wissensbasierter Systeme

Zentraler Bestandteil eines wissensbasierten Systems ist eine Wissensbasis, in welcher explizit die Fakten und Regeln über den Problembereich gespeichert sind. Wichtig bei der Erstellung der Wissensbasis ist die Beachtung von drei Anforderungen:

- *Vollständigkeit*: Die Wissensbasis enthält hinreichend viel Wissen um zu Problemstellungen des betrachteten Bereiches Lösungen zu produzieren.
- *Konsistenz*: Das in der Wissensbasis enthaltene Wissen ist widerspruchsfrei.
- *Korrektheit*: Das Wissen in der Wissensbasis umfaßt keine Angaben, die zu falschen Lösungen führen können.

Der Datenspeicher enthält die aktuell vorliegenden Falldaten sowie ermittelte Zwischen- und Endergebnisse. Die Steuerung der Verarbeitung des vorhandenen sowie die Herleitung von weiterem, nicht explizit dargestelltem Wissen übernimmt der Inferenzmechanismus, dessen Funktionsweise auf die in der Wissensbasis verwendete Repräsentationsform zugeschnitten ist. Fakten und Regeln der Wissensbasis, wie Falldaten und Zwischenergebnisse des Datenspeichers, werden gleichermaßen für die Herleitung von neuem Wissen verwendet.

Das Beispiel macht jedoch auch klar, daß Wissen und Inferenz völlig unabhängig voneinander sind. Die Reihenfolge der Abarbeitung der Wissensbasis ist nicht explizit vorgeschrieben, sondern wird durch die gestellte Anfrage und die Abarbeitungsstrategie des Inferenzmechanismus individuell und zur Laufzeit bestimmt. Das bedeutet auch, daß das Wissen austauschbar ist. So kann im allgemeinen ein Inferenzmechanismus bei Einhaltung der Notation, in der Fakten, Regeln und Anfragen beschrieben sind, als ›Universalalgorithmus‹ auf die verschiedenartigsten Problembereiche angewendet werden. Dadurch ist eine hohe Wiederverwendbarkeit gewährleistet.

Zur Erstellung eines wissensbasierten Systems sollten grundsätzlich drei Aufgaben gelöst werden:

- *Wissenserwerb:* Welches Wissen ist zur Lösung der betrachteten Problemstellung relevant?
- *Wissensrepräsentation:* Welche Formalismen eignen sich dazu, das betrachtete Wissen darzustellen?
- *Wissensverarbeitung:* Nach welchen Regularien und unter Verwendung welcher Strategien läßt sich das Problem unter Anwendung des Wissens lösen?

Für alle drei Aufgaben hat die KI in den letzten Jahrzehnten die verschiedenartigsten Ansätze hervorgebracht. Insbesondere für die computergerechte Darstellung von Wissen gibt es heute eine schon fast unüberschaubare Vielfalt an Formalismen, jeder mit einem speziell auf ihn zugeschnittenen Schlußfolgerungsmechanismus.

2.3 Erwerb von Wissen

Das schwierigste und bisher am unbefriedigsten gelöste Problem ist die vollständige Erfassung des zur Lösung einer Problemstellung benötigten Wissens. Dieses Problem liegt ursächlich im Unvermögen des Menschen begündet, sein Wissen explizit zu machen. Insbesondere menschliche Experten, die über Spezialwissen sowie eine breite Basis an Erfahrung verfügen, zeigen die größten Schwierigkeiten, ihr Wissen und den Umgang damit offenzulegen (Paradoxon des Expertentums).

Offensichtlich nachvollziehbar wird dies an dem einfachen Beispiel ›Kuchen‹: Es ist relativ einfach, die Abfolge der Handlungen beim Zubereiten des Kuchenteiges und die verwendeten Zutaten in Form eines Rezeptes anzugeben, aber es ist überaus schwierig darzulegen, wie aus dem Teig ein fertiggebackener Kuchen wird.

Auf praktische Problemstellungen für wissensbasierte Systeme übertragen bedeutet dies, daß technisches Spezialwissen i.d.R. viel einfacher erfaßbar und modellierbar ist als Allgemeinwissen. Dies betrifft Dinge, die uns der Alltag gelehrt hat oder die wir aus unserem gesunden Menschenverstand heraus wissen, z.B. wo links und rechts ist, was süß, bitter, salzig und sauer schmeckt oder daß man, wenn es regnet, naß wird.

Es ist offensichtlich, weshalb es so viele Probleme bereitet, Allgemeinwissen zu formalisieren:

- Allgemeinwissen ist überaus komplex sowie umfangreich und damit schwer strukturierbar oder einzelnen Problembereichen zuzuordnen.
- Allgemeinwissen ist oft nur unvollständig und vage vorhanden.
- Allgemeinwissen kann in bestimmten Fällen auch widersprüchlich sein.

Diese Eigenschaften machen deutlich, daß Allgemeinwissen schwer zugänglich und somit mit eingeschränkten Formalismen nicht repräsentierbar ist.

Wissensbasierte Systeme, wie etwa Expertensysteme, werden in vielen Fällen in enger Zusammenarbeit zwischen menschlichen Fachgebietsexperten und ›Wissensingenieuren‹ (engl. *Knowledge Engineer*) erstellt. Erst mit der Nutzung von Expertensystemen in kommerziellen Bereichen ist das Tätigkeitsfeld des Wissensingenieurs entstanden. Seine Aufgaben liegen in der zielbezogenen Befragung eines Experten und der anschließenden Formulierung der Ergebnisse in einer computergerechten Darstellung.

Wissensingenieure stehen zumeist vor der schwierigen Aufgabe, durch Interviews und Beobachtung von Experten hinter deren Leistungsvermögen zu kommen. Die Gefahr von Mißverständnissen ist groß und macht die Erstellung von Expertensystemen zu einem schwierigen und aufwendigen Prozeß. Der Fachgebietsexperte seinerseits muß durch laufendes Testen darüber wachen, daß das Expertensystem bei der Bearbeitung von Problemen zu genau den gleichen Lösungen wie er selber gelangt (vgl. Abb. 3).

In der Praxis gibt es unterschiedliche Vorgehensweisen beim Wissenserwerb. Die wichtigsten sind:

- *indirekter Wissenserwerb:* Hier erfolgt eine problemorientierte Befragung des Experten durch den Wissensingenieur, der Fachgebietsanalysen, Bestandsauswertungen, die Sichtung von Normen, Vorschriften oder Gesetzten usw., aber auch eine gezielte Identifikation von Problembesonderheiten zur Bewältigung der Aufgabe berücksichtigt. Die Ergebnisse der Wissenserhebung werden anschließend in entsprechende Formalismen umgesetzt.

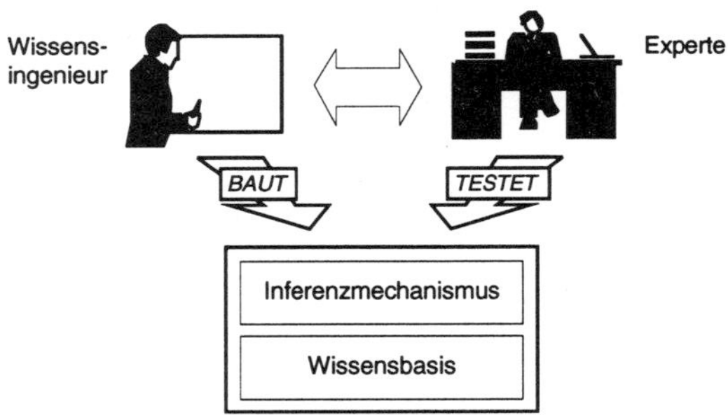

Abb. 3: Schema des indirekten Wissenserwerbs

- *direkter Wissenserwerb:* Bei dieser Methode definiert der Experte sein Wissen selbst, füllt die Wissensbasis und beurteilt anschließend das Verhalten des Systems. Der Wissensingenieur gibt Hilfestellung bei der Identifikation und der Strukturierung des Wissens (vgl. Abb. 4).

  Der Vorteil dieses Verfahrens im Gegensatz zum indirekten Wissenserwerb liegt in der Vermeidung von Verständnisproblemen, die bei der Interviewtechnik nie ganz zu vermeiden sind. Ihr Nachteil liegt jedoch darin, daß der Experte auch selbst Kentnisse über Computersysteme haben sollte, die eine Vertrautheit mit Formalismen zur Wissensrepräsentation voraussetzen. Sollten diese Kenntnisse vorhanden sein, so kann der Wissensingenieur auch durch ein *KI-Werkzeug* ersetzt werden (vgl. S. 51).
- *automatischer Wissenserwerb:* In diesem Fall kommt hinzu, daß das System selbst in der Lage ist, sein Wissen zu erweitern, indem es selbständig – aus der Datenbasis – Falldaten heranzieht, sie mit vorhandenem Wissen verknüpft und in die ent-

sprechenden Formalismen umsetzt. Wissensbasierte Systeme, welche diese Eigenschaft besitzen, bezeichnet man als ›lernende Systeme‹. In der Fachsprache spricht man in diesem Zusammenhang auch von ›maschinellem Lernen‹ (engl. *machine learning*).

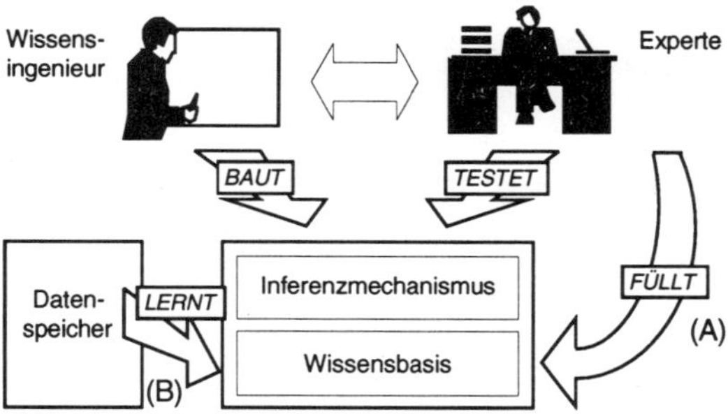

Abb. 4: Arten des Wissenserwerbs:
(A) direkter Wissenserwerb: Experte füllt die Wissensbasis selbst;
(B) automatischer Wissenserwerb: Inferenzmechanismus leitet aus Falldaten neues Wissen her (›das System lernt‹)

Sollte ein System über ein ausreichend großes Grundwissen verfügen, so wäre das maschinelle Lernen sicherlich ein Ausweg, um den ›Flaschenhals‹ Wissenserwerb zu beseitigen. Diese Vorstellung ist äußerst reizvoll und hat innerhalb der KI in den letzten Jahren geradezu einen Boom an Forschungsaktivitäten ausgelöst. Hier erwartet man sich den entscheidenden Durchbruch für die Akzeptanz von Expertensystemen.

Leider gibt es in der Praxis bisher noch keine Systeme, deren Lernfähigkeit mit der des Menschen vergleichbar ist. Menschliches Lernen ist vielfältig und daher noch nicht vollständig verstanden und modellierbar. Einzelne eingeschränkte Fähigkeiten, z.B. das Lernen aus Beispielen und Analogien oder aus Fehlern und positiven Erfahrungen, sind nur in einfachen Ansätzen maschinell nachvollziehbar.

Eine andere Art von Lernen wird im Zusammenhang mit Künstlichen Neuronalen Netzen wissenschaftlich vorangetrieben. Darauf soll in Kapitel 5 näher eingegangen werden.

Über die unterschiedlichsten Ansätze, Techniken und Werkzeuge zum Wissenserwerb gibt FRANK PUPPE in seinem Buch ›Einführung in Expertensysteme‹ einen ausführlichen Überblick.

2.4 Darstellung und Verarbeitung von Wissen

Eine These der KI beruht auf der Annahme, daß Intelligenz hauptsächlich in der Fähigkeit besteht, symbolische Beschreibungen zu erzeugen und diese zu manipulieren.

Aus diesem Grund beschäftigen sich viele Wissenschaftler mit dem Wesen der Repräsentation, den Charakteristika verschiedenartigster Formalismen sowie den Grenzen ihrer individuellen Einsetzbarkeit.

Um Wissen mit einem Computer verarbeiten zu können, muß es grundsätzlich formal dargestellt werden. Es ist dabei offensichtlich, daß ein Formalismus so beschaffen sein muß, daß

- die erforderlichen Eigenschaften und Komponenten eines Problembereichs hinreichend genau beschrieben werden können,
- das formalisierte Wissen von einem Inferenzmechanismus sinnvoll und einfach zur Lösung eines Problems verwendet werden kann.

Diese beiden Forderungen weisen auf die beiden Hauptkriterien hin – *Ausdrucksstärke* und *Effizienz* –, nach denen sich Formalismen zur Wissensrepräsentation beurteilen lassen.

Viele der in der KI verwendeten Formalismen sind zwar wesentlich ausdrucksstärker als konventionelle Programmiersprachen der Datenverarbeitung, erweisen sich jedoch in puncto Effizienz für die Lösung vieler praktischer Probleme als ungeeignet. Daher können KI-Formalismen oft nur für die Lösung eng abgesteckter Problembereiche eingesetzt werden.

In den folgenden Abschnitten dieses Kapitels sollen einige Formalismen vorgestellt werden, die grundlegenden Charakter besitzen, in vielen wissensbasierten Systemen Verwendung finden und sich zum Teil gegenseitig gut ergänzen. Es handelt sich hierbei um *Hornklauseln*, *Regeln*, *Rahmen* (engl. *frames*) sowie *semantische Netze*.

2.4.1 Hornklauseln

Eine Möglichkeit, qualitative Aspekte eines Problembereichs zu repräsentieren, ist die Verwendung der Prädikatenlogik. Sie entspricht einer Teilmenge der formalen Logik.

Die Prädikatenlogik[3] ist nicht nur wohlstrukturiert, sondern auch der am besten verstandene und am allgemeinsten einsetzbare Formalismus zur Wissensrepräsentation. Daher gilt sie als Grundlage für viele andere Formalismen. Durch sie lassen sich Sachverhalte unter Verwendung von *Literalen* beschreiben. Ein einfaches Beispiel für die Nutzung von Literalen zur Repräsentation einer Szene von aufeinander gestapelten farbigen Klötzchen ist in Abb. 5 gezeigt.

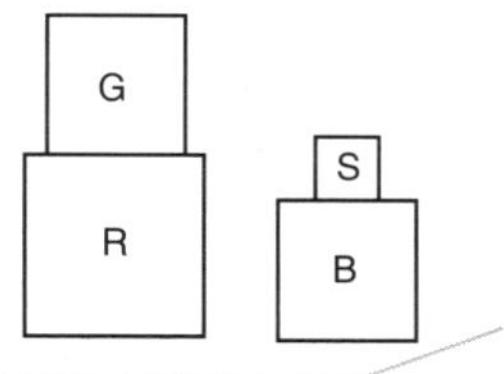

leer(G).
***not** leer(R).*
leer(S).
***not** leer(B).*
auf(G, R).
auf(S, B).

Abb. 5: Beispiel einer Klötzchenwelt mit einer prädikatenlogischen Beschreibung

Das erste Wort jedes Literals ist ein Prädikat, das negiert sein kann. Ein Prädikatsname ist frei wählbar und beschreibt i.a. Eigenschaften oder Beziehungen seiner Argumente, welche einzeln oder als Folge in den Klammern danach aufgeführt sind. In Abb. 5 sind die Prädikate mit den Namen *leer* und *auf* bezeichnet; *leer* bezieht sich dabei auf die Oberseite eines Klötzchens. Die Argumente sind Symbole, wie etwa Konstanten oder Variablen, die Objekten des betrachteten Problembereichs entsprechen. Im Beispiel bezeichnen die Abkürzungen der Farben (*R*)ot, (*B*)lau, (*G*)rün und (*S*)chwarz die entsprechend gefärbten Klötzchen.

Zusätzlich steht in der Prädikatenlogik ein Vorrat an Ausdrucksmitteln zur Verfügung, mit deren Hilfe man Beziehungen und Zusammenhänge von Objekten darstellen kann. Dies sind die logischen Operatoren:

and, **or**, **not**, $\rightarrow$, $\leftrightarrow$

Diese Elementarsymbole sind identisch mit den uns verständlichen Umschreibungen ›und‹, ›oder‹, ›nicht‹, ›wenn–so‹ und ›genau–dann–wenn‹.

Logik ist i.a. zweiwertig[4], d.h., sie arbeitet mit *Wahrheitswerten*. Diese drücken aus, ob Prädikate erfüllt sind oder nicht, also ›wahr‹ oder ›falsch‹ sind. Die Semantik der oben aufgelisteten Operatoren läßt sich mit Hilfe von Tab. 1 beschreiben.

In die Umgangssprache übertragen, bedeuten die Einträge etwa: A **and** B ist genau dann ›wahr‹, falls A ›wahr‹ ist und B ›wahr‹ ist.

Tab. 1: Wahrheitstabelle für logische Operatoren der Prädikatenlogik

A	B	A **and** B	A **or** B	A → B	A ↔ B
falsch	falsch	falsch	falsch	wahr	wahr
falsch	wahr	falsch	wahr	wahr	falsch
wahr	falsch	falsch	wahr	falsch	falsch
wahr	wahr	wahr	wahr	wahr	wahr

Zusätzlich zu den logischen Operatoren werden in der Prädikatenlogik der *Existenzquantor* ∃ sowie der *Allquantor* ∀ verwendet. Die beiden Quantoren erlauben, Begriffe einzuschränken bzw. zu verallgemeinern:

∃ x P(x) bedeutet ›*es gibt ein x, für das P(x) gilt*‹.
∀ y Q(y) bedeutet ›*für alle y gilt die Eigenschaft Q(y)*‹.

Damit ist man in der Lage, Sachverhalte eines Problembereichs hinreichend zu repräsentieren, z.B.

›Manche Frauen lieben Männer mit O-Beinen‹
∃ x (frau(x) ***and*** *liebt(x, y)* ***and*** *mann(y)* ***and*** *obeine(y)).*

›Alle Fußballspieler haben O-Beine‹
∀ x fußballspieler(x) → obeine(x).

›Niemand liebt Frauen mit O-Beinen‹
not *∃ x (liebt(x, y)* ***and*** *frau(y)* ***and*** *obeine(y)).*

Die Prädikatenlogik ist besonders deshalb für die KI von grundlegendem Interesse, weil sie eine ausgereifte mathematische Theorie bietet und damit eine computergerechte Referenzsprache für formale Zusammenhänge darstellt. Systeme, deren Programme auf der Logik basieren, also aus logischen Formeln bestehen, nennt man *prädikative* Programmiersysteme.

Ein prädikatives Programmiersystem besteht im wesentlichen aus zwei Komponenten: einer Wissensbasis und einem Ableitungsmechanismus. Durch Anfragen des Benutzers versucht der Ableitungsmechanismus – ähnlich unserem Auskunftssystem über Familienbeziehungen –, durch Verwendung von Fakten und Regeln eine Lösung abzuleiten. Der Programmierer hat dabei die Aufgabe, die Wissenbasis zu füllen und die Anfragen an das System zu formulieren (vgl. Abb. 6). Wissensbasis und Anfrage bilden also gemeinsam das Programm.

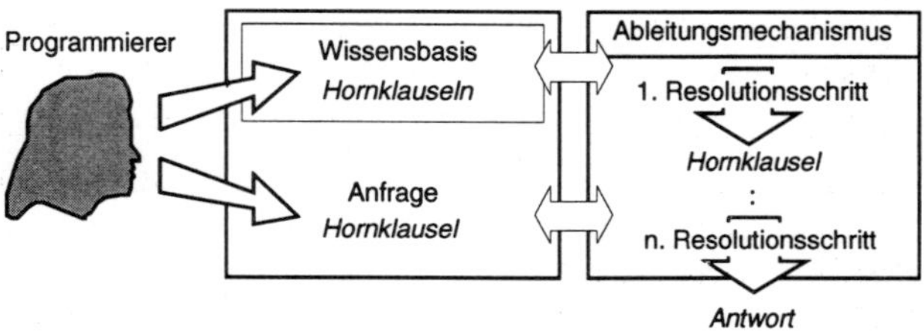

Abb. 6: Arbeitsweise eines prädikativen Programmiersystems

Die Bausteine eines prädikativen Programmiersystems, z.B. PROLOG, nennt man *Hornklauseln.* Sie resultieren aus der Umformung einer Formel der Prädikatenlogik in die *Klauselform* (engl. *clause form)*, die mit den logischen Operatoren

and, **or**, **not**

auskommt. Auf die Verwendung von Quantoren wird ganz verzichtet. Klauseln entsprechen disjunktiven Verbindungen von positiven sowie negativen Literalen und werden durch Konjuktion miteinander zu einer Formel verknüpft, d.h. durch den logischen Operator **and**, z.B.

$$\overbrace{(A\ \textbf{or not}\ B)}^{\text{Klausel}}\ \textbf{and}\ \overbrace{(\textbf{not}\ C\ \textbf{or}\ D\ \textbf{or not}\ E)}^{\text{Klausel}}\ \textbf{and}\ \overbrace{(F\ \textbf{or not}\ G\ \textbf{or}\ H)}^{\text{Klausel}}$$

Tab. 2: Wahrheitstabelle für die Ausdrücke ***not** A **or** B* und $A \rightarrow B$.

A	B	**not** A **or** B	A → B
falsch	falsch	wahr	wahr
falsch	wahr	wahr	wahr
wahr	falsch	falsch	falsch
wahr	wahr	wahr	wahr

Indem man die Tatsache ausnutzt, daß die Ausdrücke ›A → B‹ und ›**not** A **or** B‹ logisch zu gleichen Wahrheitswerten führen (vgl. Tab. 2), lassen sich die Klauseln in der obigen Formel in die folgenden Ausdrücke umformen:

B → A
C **and** E → D
G → F **or** H

Durch einfache Umkehrung eines Ausdrucks, z.B. zu D ← C **and** E und der Ersetzung des Symbols › ← ‹ durch › :- ‹, sind wir bei der Schreibweise einer Klausel angelangt, wie sie PROLOG zugrunde liegt. Allgemein ist eine Klausel ein Ausdruck der Form:

$$A_1, ...,A_n \text{ :- } B_1, ...B_m$$

mit $n, m \geq 0$, wobei $B_1, ..., B_m$ die zusammengefaßten Bedingungen und $A_1, ..., A_n$ die alternativen Folgerungen der Klausel sind. Die Symbole › :- ‹ und › , ‹ entsprechen den Funktionswörtern *falls* sowie *und*.

Eine Hornklausel ist ein Spezialfall einer Klausel mit höchtens einer Folgerung. Somit ist man in der Lage, Fakten, Regeln und Anfragen in Form von Hornklauseln zu beschreiben. Fakten werden durch unbedingte und Regeln durch bedingte Folgerungen spezifiziert. Anfragen entsprechen ›kopflosen‹ Hornklauseln. Somit gelten folgende Schreibweisen:

A.	ist Faktum
D :- A, B, C.	ist Regel
?- A, B, C.	beschreibt eine Anfrage

Konkrete Beispiele können direkt von unserem Auskunftssystem aus Abschnitt 2.2 in ihre korrespondierenden Hornklauselnotation übertragen werden, z.B.

tochter(monika, fritz).	ist Faktum
großvater(X, Y) :- sohn(Y, Z), tochter(Z, X).	ist Regel
?- großvater(fritz, nicolas).	ist Anfrage

Der Ableitungsmechanismus eines prädikativen Programmiersystems verbindet alle Hornklauseln durch Konjunktion (durch den ›**and**‹-Operator) zu einer logischen Formel. Damit ist das gesamte Wissen des Problembereichs zusammengefaßt.

Die Abarbeitung einer Anfrage an das System erfolgt durch *Resolution.* In jedem Schritt der Resolution wird versucht, ein Faktum oder eine Regel anzuwenden. Dabei werden, wie bei der Abarbeitung der Wissensbasis unseres Auskunftssystems in Abschnitt 2.2, u.a. Variable an Werte gebunden. Diesen Vorgang der Bindung von Variablen an Werte nennt man *Unifikation.* Jeder einzelne Resolutionsschritt kann somit mehrere Unifikationsschritte beinhalten. Mit Hilfe der Resolution werden Hornklauseln Schritt für Schritt umgeformt, z.B.

?- B, C, D	?- B, C, D	?- C	*Anfrageklausel*
C :- E, F	C.	C.	*angewendete Klausel*
?- B, E, F, D	?- B, D	*false*	*abgeleitete Klausel*

Dies erfolgt so lange, bis nur noch die leere Klausel übrigbleibt, welche man mit dem englischen Wort *false*[5] bezeichnet. Im Klartext heißt das für jeden Resolutionsschritt (so wie in Abb. 6 angedeutet):

> *›nimm eine Klausel – im ersten Fall die Anfrage –, verknüpfe sie mit einer Klausel der Wissensbasis und mache daraus eine neue Klausel, bis die leere Klausel false hergeleitet ist‹.*

Das folgende Beispiel soll die Arbeitsweise der Resolution verdeutlichen. Stellt man an ein prädikatives Programmiersystem die Anfrage

?-großvater(fritz, nicolas).,

so durchläuft der Ableitungsmechanismus folgende Resolutionsschritte:

?- großvater(fritz, nicolas).
großvater(X, Y), :- sohn(Y, Z), tochter(Z, X).

?- sohn(nicolas, Z), tochter(Z, fritz).

tochter(monika, fritz).

?- sohn(nicolas, monika).

sohn(nicolas, monika).

---

false

In jedem Resolutionsschritt werden also Fakten und Regeln gesucht, mit deren Hilfe sich die zu beweisende Klausel oder die daraus entstandene Klausel in eine neue Klausel überführen läßt. In diesem Sinne ist Resolution nichts anderes als das Führen eines Widerspruchsbeweises. Bei einer Anfrage:

Folgt D logisch aus den Axiomen A, B, C der Wissensbasis?,

wird vom Resolutionsbeweiser zunächst angenommen, daß **not** D gilt. Um D zu beweisen, genügt es zu zeigen, daß **not** D zu den Axiomen A, B, C, ... im Widerspruch steht. Falls dies so ist, also die leere Klausel abgeleitet werden kann, so folgt die entsprechende Anfrage aus den Fakten und Regeln der Wissensbasis.

Der besondere Wert von Hornklauseln liegt im computergerechten methodischen Ansatz. Sie sind ausdrucksstark, weil sie es erlauben, auf der Basis der Prädikatenlogik auch vage Begriffe und Eigenschaften präzise zu formulieren. Es ist dabei jedoch nicht zu vergessen, daß es in der Praxis auch zahlreiche Sachverhalte gibt, die sich nicht durch Prädikatenlogik beschreiben lassen, z.B. so menschliche Dinge wie Wünsche, Befehle oder Gefühle.

Ein weiterer Nachteil liegt in der Reihenfolge der Abarbeitung von Wissen in Verbindung mit der Anfrage selbst. Dazu soll folgendes einfache Beispiel betrachtet werden:

Wissensbasis	Fall 1:	*vater(x, y) :- sohn(y, x).*
		sohn(x, y) :- vater(y, x).
		sohn(matt, fritz).
	Fall 2:	*sohn(matt, fritz).*
		vater(x, y) :- sohn(y, x).
		sohn(x, y) :- vater(y, x).
Anfrage:		*?- sohn(WER, fritz).*

Im ersten Fall gerät der Ableitungsmechanismus sofort in eine Endlosschleife, da die beiden Regeln ständig abwechselnd zur Ausführung kommen. Durch Verändern der Reihenfolge, wie in

Fall 2, kann dieses Problem aber gelöst werden, und das Faktum kommt zur Anwendung.

Dieser Sachverhalt erfordert, daß der Programmierer eines prädikativen Programmiersystems selbst Kenntnis über die Abarbeitung von Wissen und Anfragen haben muß, da das Verhalten des Ableitungsmechanismus vom System vorgegeben ist. Er kann darauf steuernd einwirken, indem er Wahl und Reihenfolge der Angabe von Fakten und Regeln beeinflußt.

2.4.2 Regeln

Regeln repräsentieren Verhaltensmuster, die festlegen, welche Aktionen unter welchen Bedingungen zulässig sind:

wenn *Bedingung(en)* dann *Aktion(en).*

Man kann Bedingungen auch durch Voraussetzungen oder Situationen und Aktionen durch Folgerungen oder Hypothesen ersetzen.

Der Vorteil der Wissensrepräsentation durch Regeln liegt in ihrer Einfachheit. Zum einen stellen Regeln relativ kleine Wissensportionen dar und sind daher leicht erweiterbar, zum anderen entsprechen sie in vielen Fällen der menschlichen Vorgehensweise beim Problemlösen.

Vielleicht haben Sie, ähnlich wie ich in meiner Studentenzeit, schon einmal zur Selbsthilfe beim Reparieren Ihres Autos gegriffen und dazu das Buch ›Wie helfe ich mir selbst?‹ verwendet. Darin sind an vielen Stellen Entscheidungshierarchien in Form von miteinander verbundenen Regeln dargestellt, die es anhand von überprüfbaren Symptomen oder Sachverhalten erlauben, den Ursachen eines Problems auf die Spur zu kommen. In Abb. 7 ist ein solcher Baum beispielhaft aufgeführt.

Bei dieser Form der Darstellung handelt es sich um einen sogenannten UND/ODER-Baum, der in der KI und allgemein in der Informatik des öfteren zur Darstellung von Problembereichen herangezogen wird. Die Kanten im Baum verbinden Bedingungen mit daraus ableitbaren Folgerungen. Kanten, die miteinander verknüpft sind, bezeichnen Bedingungen, die alle zur Ausführung einer Aktion erfüllt sein müssen (UND-Kanten), während Kanten ohne Verbindung Alternativen darstellen (ODER-Kanten).

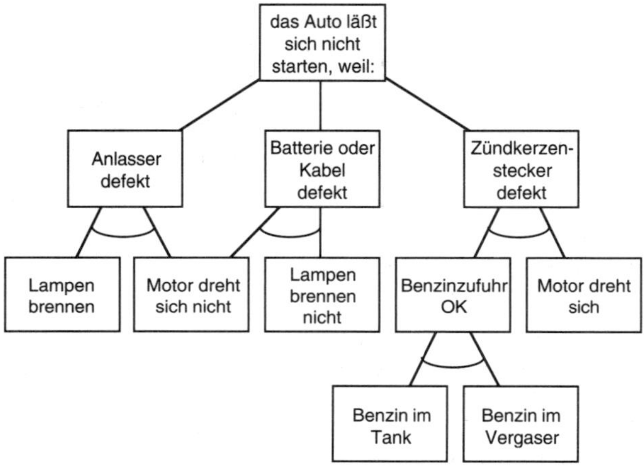

Abb. 7: UND/ODER-Baum mit Verkettung von Regeln

Im Beispielbaum sind also genau vier Regeln beschrieben:

Regel 1:	wenn	Benzinzufuhr OK
	und	Motor dreht sich
	dann	Zündkerzenstecker defekt
Regel 2:	wenn	Motor dreht sich nicht
	und	Lampen brennen nicht
	dann	Batterie oder Kabel defekt
Regel 3:	wenn	Motor dreht sich nicht
	und	Lampen brennen
	dann	Anlasser defekt
Regel 4:	wenn	Benzin im Tank
	und	Benzin im Vergaser
	dann	Benzinzufuhr OK

Die Grundarchitektur eines regelbasierten Systems ist in Abb. 8 dargestellt. Der Datenspeicher enthält die aktuellen Falldaten, welche die momentane Situation des betrachteten Problems kennzeichnen, die Wissensbasis die explizit beschriebenen Regeln.

Der Inferenzmechanismus regelbasierter Systeme arbeitet in zwei Schritten. Zunächst wird versucht, eine in der momentanen Situation anwendbare Regel zu bestimmen (engl. *match & select*),

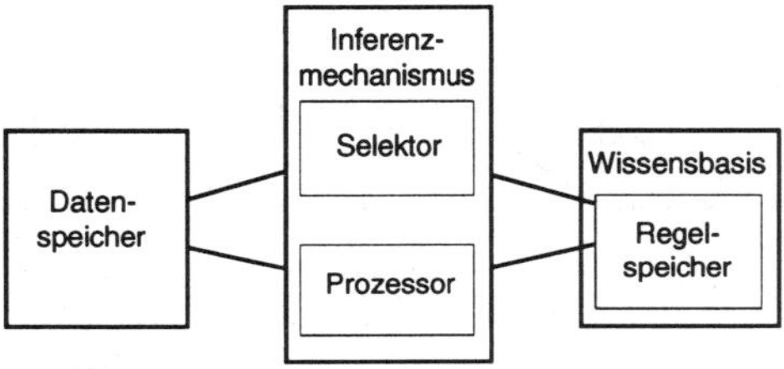

Abb. 8: Architektur regelbasierter Systeme

und anschließend werden deren Aktionen auf die im Datenspeicher vorhandenen Daten angewendet (engl. *execute*). Wurden beide Schritte erfolgreich auf eine Regel angewendet, so sagt man in der Fachsprache auch ›die Regel feuert‹. Die Verantwortung für die Regelauswahl liegt bei der Komponente *Selektor,* während ihre Ausführung vom *Prozessor* übernommen wird.

Die Durchführung der Aktion(en) bewirkt eine Aktualisierung der Daten im Datenspeicher, welche dann wiederum die Ausführbarkeit von neuen Regeln implizieren können.

In manchen Fällen kann es zu Konflikten kommen, da die im Datenspeicher enthaltenen Falldaten die Anwendung von mehreren Regeln erlauben. Die Entscheidung, welche Regel schließlich feuert, fällt die Auswahlstrategie des Selektors, z.B. ›wähle erste Regel‹ oder ›wähle diejenige Regel mit frischesten Daten zuerst aus‹.

Der in Abb. 7 dargestellte UND/ODER-Baum veranschaulicht die Arbeitsweise regelbasierter Systeme. Man bezeichnet sie als *Verkettung von Regeln.* Dabei sind zwei grundsätzlich verschiedene Verarbeitungsarten möglich:

- Vorwärtsverkettung von Regeln,
- Rückwärtsverkettung von Regeln.

Bei der erstgenannten Arbeitsweise wird vom Selektor zunächst eine Liste derjenigen Regeln erstellt, deren Voraussetzungen mit den im Datenspeicher vorhandenen aktuellen Falldaten erfüllt werden können. Im nächsten Schritt wird dann aus dieser Liste nach verschiedenen Gesichtspunkten eine besonders erfolgversprechende Regel ausgewählt. Auf das einfache Beispiel in Abb. 7 bezogen, könnte eine Vorwärtsverkettung von Regeln so erfolgen, wie in Abb. 9 aufgezeigt ist.

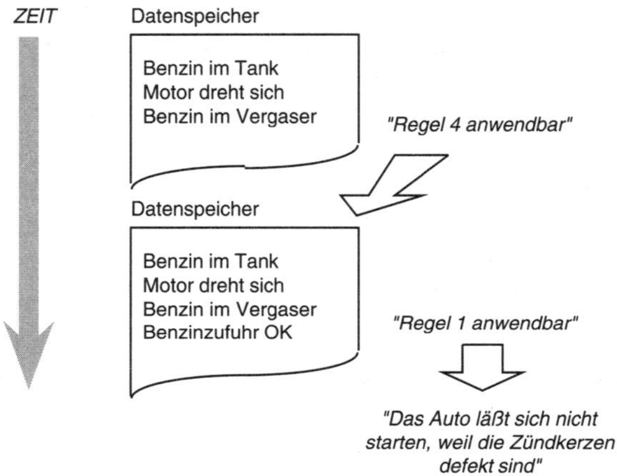

Abb. 9: Beispiel für die Vorwärtsverkettung von Regeln.

Bei der Rückwärtsverkettung von Regeln geht der Selektor von einer Liste denkbarer oder wünschenswerter Aktionen aus. Er überprüft anschließend, unter welchen Voraussetzungen sie überhaupt anwendbar wären. Daraus ergibt sich eine neue Liste von erforderlichen Aktionen, deren Voraussetzungen wiederum noch einer Überprüfung unterzogen werden müssen.

Dies ist genau die Arbeitsweise von elektronischen Diagnosesystemen, wie sie teilweise in heutigen Automobilen vorzufinden sind. Beim Auftreten von Störungen versucht das Diagnosesystem, mit Hilfe von Regeln momentane Motor-, Getriebe- und Fahrwerksdaten zu überprüfen, um die Ursache(n) der Störung zu lokalisieren und den Fahrer auf einen Werkstattbesuch oder die direkte Quelle der Störung hinzuweisen. Hier ist die Richtung der Abarbeitung also umgekehrt zum obigen Beispiel.

Um die Arbeitsweise bei der Rückwärtsverkettung zu verdeutlichen, soll noch ein anderes Beispiel betrachtet werden, das bei der Erstellung von Aktionsplänen verwendet wird, also in Situationen, wo avisierte Endzustände existieren, die schrittweise hergeleitet werden müssen. Das System SHRDLU[6], das Terry Winograd 1970 entwickelte, ist in der Lage, gedanklich – also nicht physikalisch – mit dreidimensionalen Körpern zu hantieren, die sich auf einem fiktiven Tisch befinden. Es gibt Antworten auf einfache eingetippte Fragen des Benutzers, solange dieser die Mikrowelt des Systems nicht verläßt, und es berichtet über die Resultate seiner Aktionen. In einer eingeschränkten Welt mit nur zwei Objekten X und Y soll das System ausschließlich zwei Handlungen durchführen, nämlich:

- STAPELN bewirkt, daß SHRDLU ein Klötzchen ergreift, es hochhebt, über ein anderes bewegt und es darauf abstellt.
- HERUNTERNEHMEN impliziert das Ergreifen eines Klötzchens, das sich auf einem anderen befindet, das Bewegen zu einer freien Stelle und das Absetzen des Klötzchens.

Für beide Aktionen lassen sich Voraussetzungen definieren, die erfüllt sein müssen, um die Handlungsalternativen auszuführen. Damit lassen sich zwei Regeln angeben:

Regel 1:	wenn	LEER(X) und LEER(Y)
	dann	STAPELN(X, Y)
Regel 2:	wenn	LEER(X) und nicht LEER(Y)
	dann	HERUNTERNEHMEN(X, Y)

Ein Beispiel soll verdeutlichen, wie SHRDLU arbeitet. Man geht von einem einfachen Sachverhalt aus, einem roten und einem blauen Klötzchen, wobei im Ausgangszustand das blaue Klötzchen auf dem roten liegt. Gibt man dem System folgende Aufgabe:

›Stelle das rote Klötzchen auf das blaue Klötzchen‹,

so geht das System von den Bedingungen des Zielzustandes aus und überprüft, durch die Anwendung welcher Regel es in diesen Zielzustand gelangen kann. Ist eine Regel gefunden, so müssen die Voraussetzungen dieser Regel mit den Bedingungen des Ausgangszustandes verglichen werden. Für alle nicht erfüllten Voraussetzungen werden in gleicher Weise anwendbare Regeln gesucht, bis alle Bedingungen des Ausgangszustandes erfüllt sind. Der Aktionsplan wird dann durch die Umkehrung der Handlungskette erstellt. In Abb. 10 ist dieser Vorgang noch einmal graphisch veranschaulicht.

Die Anwendung der Rückwärtsverkettung von Regeln ist beispielsweise in der Programmiersprache PROLOG realisiert, deren prinzipielle Arbeitsweise im letzten Abschnitt kurz skizziert wurde. Eine Anfrage an das PROLOG-System gibt ein Ziel vor, das durch Resolution mit Hilfe von Regeln und Fakten der Wissensbasis zu beweisen ist.

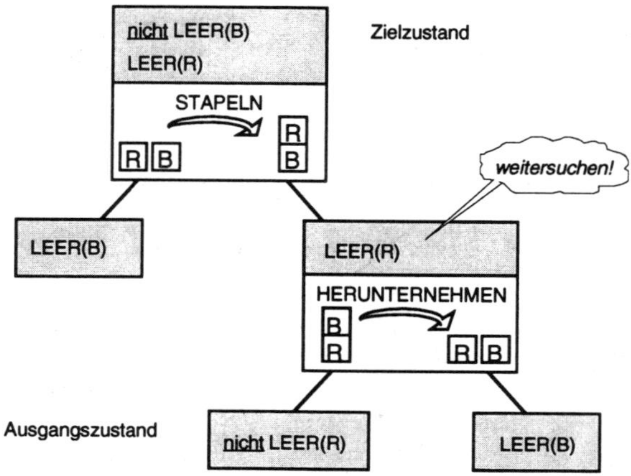

Abb. 10: Beispiel für die Rückwärtsverkettung von Regeln

Eine weitere wichtige Eigenschaft regelbasierter Systeme liegt in der Fähigkeit, ihre eigene Arbeitsweise nachzuvollziehen und damit dem Benutzer erklären zu können. TERRY WINOGRAD gibt in seinem 1976 erschienenen Buch ›Understanding Natural Language‹ ein anschauliches Beispiel, wie ein solcher Dialog zwischen dem Benutzer und seinem System SHRDLU aussieht:

Benutzer:	*Bilde einen Stapel aus den beiden roten Klötzchen und entweder einem grünen Würfel oder einer Pyramide.*
SHRDLU:	*OK. (Aus Ausgangssituation 1 in Abb. 11 entsteht Situation 2)*
Benutzer:	*Welcher Würfel liegt auf dem Tisch?*
SHRDLU:	*Der grüne, welcher die rote Pyramide trägt.*
Benutzer:	*Lege einen kleinen Würfel auf den grünen Würfel, welcher die Pyramide trägt.*
SHRDLU:	*OK.*
Benutzer:	*Lege die kleinste Pyramide darauf.*
SHRDLU:	*OK. (Aus Situation 2 in Abb. 11 entsteht Situation 3).*

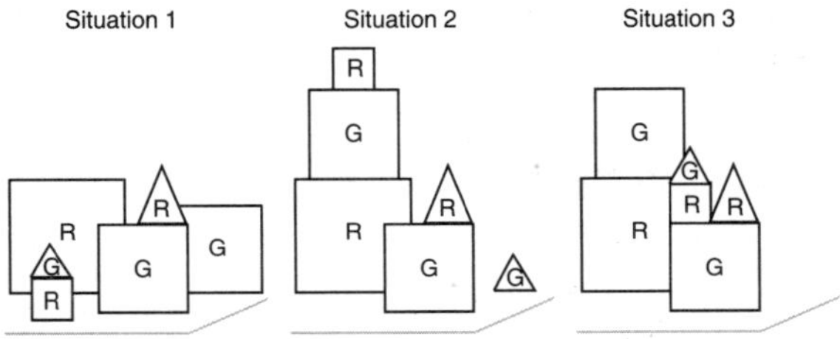

Abb. 11: Beispielsituationen in der Klötzchenwelt von SHRDLU

Der Dialog mit SHRDLU könnte dann wie folgt weitergeführt werden:

Benutzer: *Wieviel Gegenstände liegen auf dem grünen Würfel?*
SHRDLU: *Ich bin nicht sicher, was Du mit dem Wort ›auf‹ in der Wendung ›auf dem grünen Würfel‹ meinst. Meinst Du:*
(1) direkt auf der Oberfläche? oder
(2) irgendwo obendrauf?
Benutzer: *2*
SHRDLU: *Drei.*
Benutzer: *Hast Du irgendeine Pyramide angefaßt, bevor Du die grüne auf den kleinen Würfel gelegt hast?*
SHRDLU: *Ja, die grüne.*
Benutzer: *Wann hast Du sie angefaßt?*
SHRDLU: *Als ich einen Stapel aus dem roten Würfel, einem großen, roten Klötzchen und einem großen, grünen Würfel bildete.*
Benutzer: *Warum?*
SHRDLU: *Um sie loszuwerden.*
Benutzer: *Warum hast Du das getan?*
SHRDLU: *Um die Oberfläche des roten Würfels frei zu machen*
Benutzer: *Warum hast Du die Oberfläche dieses Würfels frei gemacht?*
SHRDLU: *Um ihn auf den grünen Würfel zu legen.*
Benutzer: *Warum hast Du das getan?*
SHRDLU: *Um einen Stapel aus dem roten Würfel, einem großen, roten Klötzchen und einem großen, grünen Würfel zu bilden.*
Benutzer: *Warum hast Du das getan?*
SHRDLU: *Weil Du es mir aufgetragen hast.*

Die Erklärungsfähigkeit ist eine grundlegende Forderung, die beispielsweise ein Expertensystem erfüllen muß, da für den menschlichen Experten in vielen Fällen nachvollziehbar sein muß, wie das System arbeitet, aber auch, ob die ausgeführte Folgerungskette schlüssig ist oder ob sie nur zufällig zustande kam. Auch von menschlichen Experten wird erwartet, daß sie begründen können, wie sie bestimmte technische Probleme lösen. Die Erklärungskomponente in wissensbasierten Systemen ist jedoch nur bedingt mit der des Menschen vergleichbar, da im Prinzp nur eine Aufzählung der Regeln vorgenommen wird, die vom System zur Lösungsfindung angewendet wurden. Tiefergehende Erklärungen in Verbindung mit kausalen Zusammenhängen können von KI-Techniken heute noch nicht erwartet werden.

Zusammenfassend läßt sich für regelbasierte Systeme sagen, daß bei datengetriebenen Problemen, bei denen das Ziel ungewiß ist, die Vorwärtsverkettung von Regeln angewendet werden sollte. Bei hypothesen- oder zielorientierten Problemen, bei welchen der Weg zum Ziel unbekannt ist, sollte dagegen eine Rückwärtsverkettung bevorzugt werden. Durch die Aufzeichnung, wie und in welcher Reihenfolge Regeln angewendet wurden, ist ein regelbasiertes System immer in der Lage, seine Lösung zu begründen.

2.4.3 Rahmen

In wissensbasierten Systemen ist es oft sinnvoll, die Wissensbasis zu gliedern und das Wissen in kleinen Portionen zu definieren. Dies ist zwar in bedingtem Umfang mit Regeln möglich, jedoch haben diese lediglich prozeduralen Charakter. Der deklarative Wissensanteil fehlt.

Marvin L. Minsky vom Massachusetts Institute of Technology (MIT) schlug deshalb im Jahre 1974 vor, Denkprozesse als komplexe Netzwerke zu verstehen, deren Elemente aus strukturierten Wissensportionen bestehen. Die Wissensportionen bezeichnete er als *Rahmen* (engl. *frames*).

Ein Rahmen ist nichts anderes als ein stereotyper Grundbaustein, der die Aspekte seiner begrifflichen Bedeutung beschreibt. Er ist mit einer Kapsel vergleichbar, die einen deklarativen sowie einen prozeduralen Wissensteil enthält. Der deklarative Teil umfaßt die deskriptiven Attribute eines Rahmens; der prozedurale Teil enthält die Methoden, welche das Verhalten auf den deklarativen Angaben beschreiben.

Minsky war der Auffassung, daß Rahmen die Grundlage für ein intuitiv einleuchtendes Modell menschlicher Denkprozesse darstellen. Er sah dies insbesondere darin begründet, daß Rahmen es erlauben, Objekte eines Problembereiches ähnlich der realen Welt zu gliedern oder zu abstrahieren sowie ihre Wechselwirkungen zu modellieren. Diese Anschauung ist eine wesentliche Grundlage für die *objektorientierte Programmierung*, die sich heute einer großen Popularität erfreut. Dies ist nicht zuletzt darauf zurückzuführen, daß mit dieser Form von Programmierung entscheidende Verbesserungen im Bereich der Softwareerstellung und der Softwarepflege erzielt wurden. Im Zusammenhang mit der objektorientierten Programmierung werden Rahmen auch als *Objekte* bezeichnet.

In Abb. 12 ist das Beispiel eines Autos als Rahmen dargestellt. Die Beschreibung enthält Attribute wie Länge, Leistung, Motor usw., die in Fächern (engl. *slots*) abgelegt sind, sowie Methoden, welche die Art und Weise spezifizieren, wie mit dem Rahmen gearbeitet werden kann. Andere Beispiele für Rahmen oder Objekte sind die natürlichen Zahlen mit entsprechenden arithmetischen und relationalen Operationen auf ihren Werten oder geometrische Körper wie Rechtecke, die durch die Koordinaten ihrer Eckpunkte definiert sind und auf denen man Operationen wie *verkleinern*, *vergrößern*, *verschieben*, *drehen*, *Umfang berechnen* und vieles andere ausführen kann.

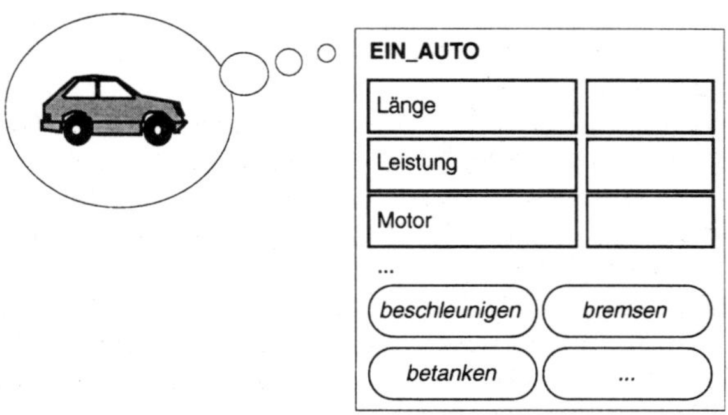

Abb. 12: Beispiel für den Rahmen EIN_AUTO

Indem man den Attributen eindeutige Werte zuordnet, lassen sich Rahmen mit speziellen Eigenschaften angeben, wobei die Werte von Attributen auch Verweise auf andere Rahmen sein können.

Spezielle Rahmen können mit Hilfe von ›wertlosen‹ Rahmen erzeugt werden. Nimmt man das Beispiel aus Abb. 12, so kann man durch die Angabe entsprechender Werte spezielle Autos angeben, deren Werte wiederum Verweise sein können (vgl. Abb. 13).

Man bezeichnet die speziellen Rahmen als *Exemplare* (engl. *instances*) und den Rahmen, aus dem sie ableitbar sind, als ihre *Klasse* (engl. *class*).

Rahmen können also sowohl Mengen als auch Exemplare von Mengen darstellen. Exemplare besitzen alle in ihrer Klasse beschriebenen Eigenschaften, d.h. Attribute und Methoden. In diesem Sinne legen Klassen die Verhaltensweisen für ihre Objekte fest. Sie sind damit für alle ihre Exemplare sowohl Muster, die sie beschreiben, als auch Generatoren, die sie erzeugen. Die Beziehung zwischen Exemplaren und ihren Klassen werden – wie in Abb. 13 dargestellt – durch einen entsprechenden Verweis *instance_of* ausgedrückt.

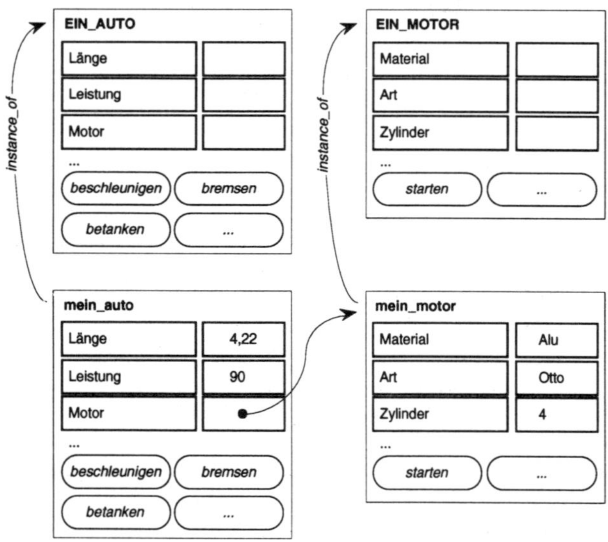

Abb. 13: Beispiele für Klassen und Exemplare

Das Programmieren eines rahmen- oder objektorientierten Systems ist mit drei wichtigen Aktivitäten verbunden:

- Definition von Klassen,
- Erzeugen von Exemplaren,
- Austausch von Nachrichten.

Auf dem Versenden von Nachrichten beruht die Arbeitsweise eines rahmenbasierten Systems (vgl. Abb. 14).

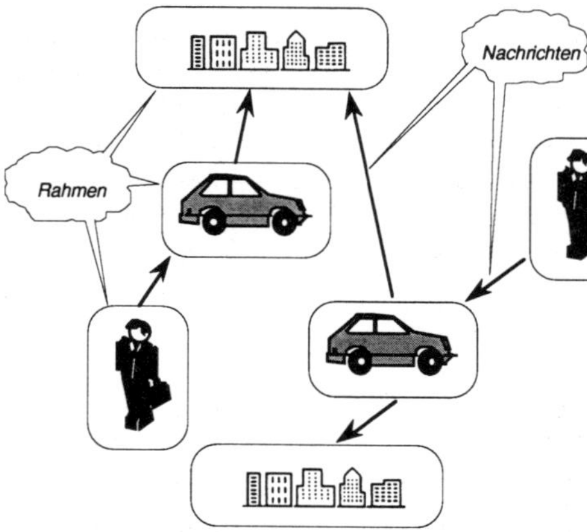

Abb. 14: Beispiel für die Arbeitsweise eines rahmenbasierten Systems

Nachrichten repräsentieren Beziehungen und Wechselwirkungen zwischen Rahmen. Nachrichten werden von einem Rahmen an einen anderen geschickt und lösen i.a. die Ausführung einer Methode beim empfangenden Rahmen aus. Eine Nachricht ist die einzige Möglichkeit, auf die Daten eines Rahmens zuzugreifen.

Nachrichten bestehen höchstens aus drei Teilen:

EMPFÄNGER	*SELEKTOR*	*ARGUMENT(E)*

Der *Empfänger* benennt den Rahmen, an den die Nachricht gerichtet ist. Der *Selektor* benennt die Methode, deren Ausführung gewünscht ist, und die *Argumente* bezeichnen die Rahmen, welche in die gewünschte Operation einbezogen werden sollen, z.B.

mein_auto	*betanken*	*40*

mein_auto	*fahren*	*hamburg berlin*

5	*+*	*6*

TEXT	*+*	*"Hallo Leser"*

Bildschirm	*rotiere*	*FENSTER: 90*

Der Empfänger einer Nachricht ist für ihre Entschlüsselung verantwortlich und entscheidet bei ihrem Eintreffen, ob die Nachricht angenommen oder abgelehnt wird. Ist der Selektor der Nachricht beim Empfänger bekannt, wird die gewünschte Methode ausgewählt, die Argumente übernommen und die Methode schließlich ausgeführt. Die Ausführung einer Methode kann bewirken, daß:

- der Datenbereich des Empfängers verändert wird,
- neue Exemplare erzeugt werden,
- eine neue Nachricht verschickt wird.

Bei den oben aufgelisteten Beispielen zieht etwa die Nachricht *5 + 6* die Erzeugung eines neuen Exemplars der Klasse NAT_ZAHLEN nach sich, welches den ›Wert‹ *11* erhält. Durch die Nachricht TEXT + ›Hallo Leser‹ wird der Datenbereich des Rahmens TEXT durch die als Argumente angegebene Zeichenkette erweitert. Nach Ausführung der Methode wird an den absendenden Rahmen eine Quittung zurückgeschickt.

Eine Methode selbst ist nach folgendem Muster aufgebaut:

SCHNITTSTELLE	*RUMPF*

Die Schnittstellen müssen für jeden Rahmen eindeutig sein. Sie geben an, mit welchem Selektor die Methode angestoßen wird und welche Parameter an sie übergeben werden können. Der Rumpf der Methode enthält die Vereinbarungen von Hilfsvariablen, die zur Durchführung der Operation benötigt werden, und die Liste der durch den Anstoß ausgelösten Operationen.

In einem rahmenbasierten System gibt es nicht nur, wie schon aufgezeigt, Beziehungen zwischen Klassen und Exemplaren, sondern auch zwischen verschiedenen Klassen. Diese Beziehungen bestehen im wesentlichen aus der *Generalisierung* bzw. *Spezialisierung* von Eigenschaften und werden als *Vererbung* bezeichnet. Dies weist auf eine Anordnung von Klassen in sogenannten *Oberklassen* und *Unterklassen* hin.

Damit können, ebenso wie Exemplare aus einer Klasse, auch Klassen aus Oberklassen abgeleitet werden. Zum Beispiel sind Kombis ganz spezielle Automobile. Sie sind somit Unterklasse der Klasse EIN_AUTO und ›erben‹ alle Eigenschaften ihrer Oberklasse. Jedoch sind neben den Attributen, die allgemein Autos betreffen, zusätzliche Eigenschaften von Interesse, wie z.B. das Ladevolumen.

Vererbung bedeutet also, daß Exemplare letztlich alle Attribute und Methoden von ihrer Klasse, von deren Oberklasse usw. übernehmen. Jedoch besteht die Möglichkeit, zu Klassen neue Attribute hinzuzufügen bzw. Attribute von Oberklassen neu zu definieren (*Polymorphie*). Damit ergeben sich Spezialisierungen und Generalisierungen, die in einer *Klassenhierarchie* repräsentiert sind.

Neben einer streng baumartigen Hierarchie von Klassen gibt es auch netzwerkartige Klassen, wie beispielsweise in Abb. 15 skizziert.

Eine netzwerkartige Klassenhierarchie muß i.a. *zykelfrei* sein, d.h., eine Klasse darf nicht gleichzeitig eine Oberklasse ihrer Oberklasse sein. Dies impliziert eine mehrfache Vererbung von Eigenschaften. Betrachtet man beispielsweise die netzwerkartige Anordnung in Abb. 16, so ›erbt‹ mein_Auto sowohl die Eigenschaften der Klasse EIN_AUTO als auch diejenigen der Klasse TAXI, welche wiederum die Eigenschaften ihrer Oberklasse ›ererbt‹ hat.

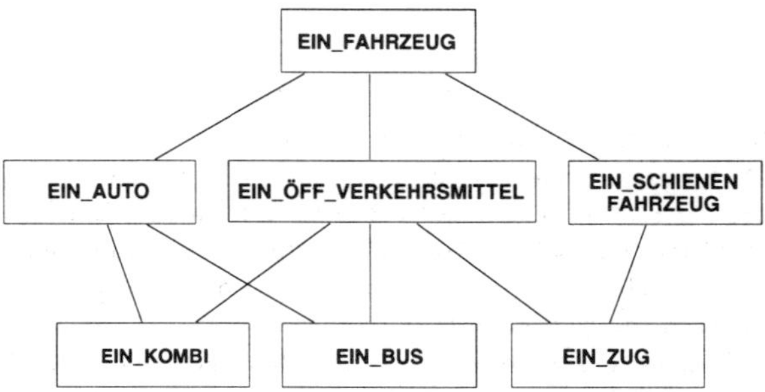

Abb. 15: Mehrfache Vererbung von Eigenschaften

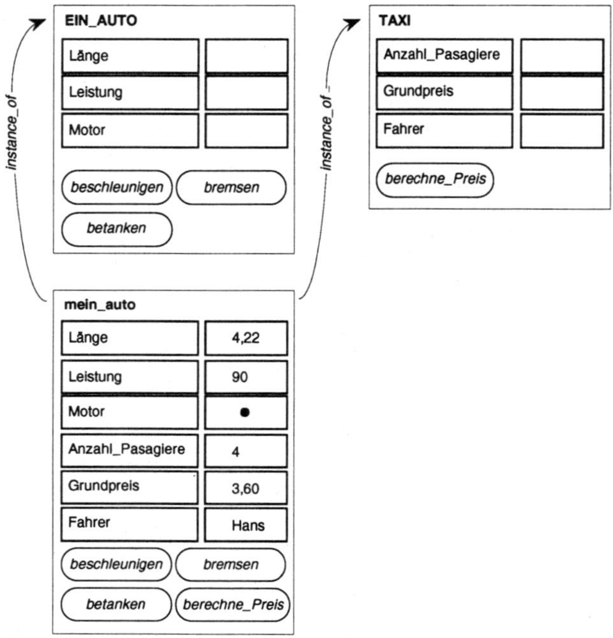

Abb. 16: Mehrfache Vererbung von Eigenschaften

Das Konzept der Vererbung ist eine wichtige Grundlage für die Wiederverwendbarkeit und Erweiterbarkeit von Software. Rahmenbasierte Systeme sind auf zwei Arten besonders einfach erweiterbar, und zwar durch:

- Hinzunahme neuer Klassen,
- Aufnahme neuer Klassenattribute oder -methoden.

In Abb. 17 sind diese Arten am Beispiel von Konten aufgezeigt.

In Abb. 17 (a) ist zu den bestehenden Arten von Konten eine neue Klasse definiert worden. Die Klasse KONTO3 ist Unterklasse der Klasse KONTO und weist gegenüber den bestehenden Klassen einen höheren Dispositionsrahmen sowie einen verminderten Zinssatz auf.

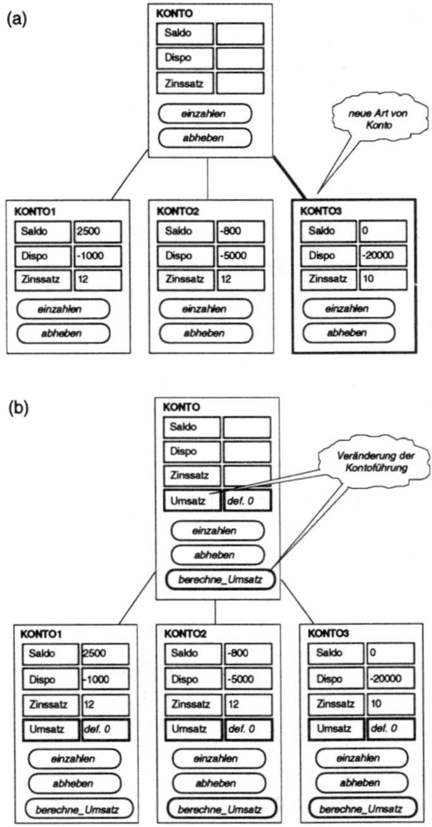

Abb. 17: Erweiterbarkeit rahmenbasierter Systeme

In Abb. 17 (b) wird die Klasse KONTO um das neue Attribut *Umsatz* und die Methode *berechne_Umsatz* erweitert. Damit ›erben‹ alle Unterklassen von KONTO dieses Attribut automatisch. Durch Angabe eines *Default-Wertes* (vgl. in Abb. 17 [b] Konto 3) wird das Attribut mit einem entsprechenden Wert vorbelegt.

Zusammenfassend läßt sich sagen, daß die Änderbarkeit – neben der inhärenten Modularisierung der Programmbausteine – grundlegende Eigenschaft von rahmenbasierten Systemen ist.

Wichtig ist jedoch auch der Polymorphismus, der die Möglichkeit schafft, daß Methoden mit gleichem Namen – je nach Zugehörigkeit zu einem Rahmen – unterschiedliche Verhaltenweisen haben können. Polymorphismus basiert also auf dem Konzept der Vererbung im Zusammenwirken mit einer dynamischen Bindung von Exemplaren.

2.4.4 Semantische Netze

Eine andere Möglichkeit, Wissen in strukturierter Form in Einheiten zu gliedern, sind *semantische Netze*. Dies sind Netzwerke, die aus Knoten und markierten gerichteten Kanten bestehen. Die Knoten repräsentieren semantische Einheiten wie Objekte, Konzepte, Situationen oder Individuen. Die Kanten entsprechen Relationen zwischen den Einheiten. Relationen können i.a. zwei- oder mehrstellig sein, z.B:

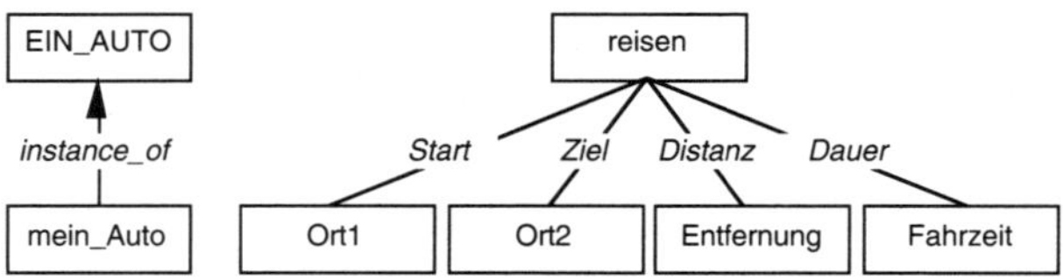

Mit Hilfe n-stelliger Relationen lassen sich somit auch komplexe Informationszusammenhänge modellieren. Sie entsprechen n-stelligen Prädikaten der Form:

$$\textit{Prädikat} \ (\textit{Attribut}_1, \textit{Attribut}_2, \ldots, \textit{Attribut}_n)$$

Ein Knoten der Relation repräsentiert das Prädikat seiner Argumentknoten, wobei die Kanten mit den entsprechenden Argumentsnamen markiert sind. Zum Beispiel läßt sich der Sachverhalt

›Rainer tauschte sein Auto gegen Franks Fahrrad‹,

durch das semantische Netz in Abb. 18 beschreiben.

Ein wesentlicher Unterschied zu den schon behandelten Rahmen liegt in der erweiterten Verwendung von Kanten zur Repräsentation von assoziativen Beziehungen zwischen Einheiten. Die Richtung der Kanten drückt die Semantik der Markierung aus. Ist die Richtung umgekehrt, so dreht sich auch die Semantik der Beziehung um, z.B. i*st_Teil_von* wird zu *hat_Teil.*

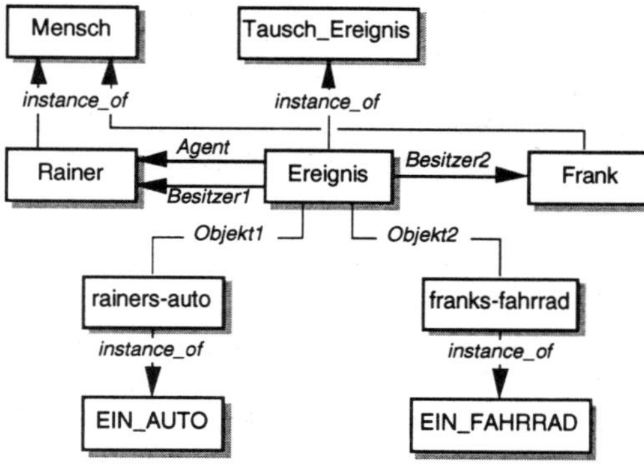

Abb. 18: Beispiel eines semantischen Netzes

Durch die Verwendung weniger, jedoch semantisch wohl definierter Beziehungstypen können schon die wichtigsten Aspekte assoziativer Verbindungen abgedeckt werden. Die Herleitung von Wissen erfolgt durch eine Suche im Netzwerk der Beziehungen entlang der gerichteten Kanten. Die wichtigsten Beziehungstypen sind:

- *Teilmenge_von*-Beziehungen (Konzept der *Generalisierung*),
- *Exemplar_von*-Beziehungen (Konzept der *Klassifikation*),
- *Teile_von*-Beziehungen (Konzept der *Aggregation*).

Die beiden Beziehungstypen *Klassifikation* und *Generalisierung* sind typische Beziehungen zwischen Rahmen, i.e. zwischen Exemplaren und ihren Klassen bzw. zwischen Klassen und ihren Oberklassen. Beispiele dafür habe ich im letzten Abschnitt behandelt.

Das *Aggregationskonzept* verbindet Elemente mittels einer Teile/Ganzes-Beziehung. Zum Beispiel besteht ein Auto aus verschiedenen Komponenten, die selbst aus wieder anderen Elementen zusammengesetzt sind. Wie in Abb. 19 dargestellt, enthalten Hotelzimmer beispielsweise einen Stuhl, ein Telefon und ein Bett, das u.a. wieder eine Matratze enthält.

Alle diese Verbindungstypen findet man auch im Zusammenhang mit *relationalen* und *objektorientierten Datenbanken.* Sie werden auch als *Abstraktionskonzepte* bezeichnet.

Der Vorteil der Verwendung von semantischen Netzen zur Wissensrepräsentation liegt in der ›ökonomischen‹ Eigenschaft, Wissen darzustellen. Ist eine Begriffseinheit einmal erzeugt, so reicht es i.a. aus, durch Querverweise immer auf sie zurückzugreifen. Damit kann die Redundanz bei der Wissensdarstellung vermieden werden.

Da alle Einheiten miteinander verknüpft sind, können die Netzwerke mit Suchverfahren, wie ich sie im nächsten Kapitel behandeln werde, durchlaufen werden, um Wissen herzuleiten.

Trotzdem ist es auch wichtig zu erkennen, daß die Darstellung von komplexen Sachverhalten sehr aufwendig und unübersichtlich werden kann. Durch die einmalige Repräsentation, aber vielfache Verwendung von Wissensportionen kann das Wissen sehr zersplittert werden. Um dem entgegenzuwirken, ist man dazu übergegangen, semantische Netze teilweise in Rahmen umzuwandeln, was sich intuitiv durch die Äquivalenz und Modellierbarkeit von Beziehungen anbietet. Damit läßt sich ein wesentlich höherer Nutzungsgrad erzielen. Abb. 19 zeigt eine solche Kombination der Formalismen.

In der Abb. 19 ist ein Wissensausschnitt gezeigt, wie er in einer umfangreichen Wissensbasis repräsentiert sein könnte. Aus

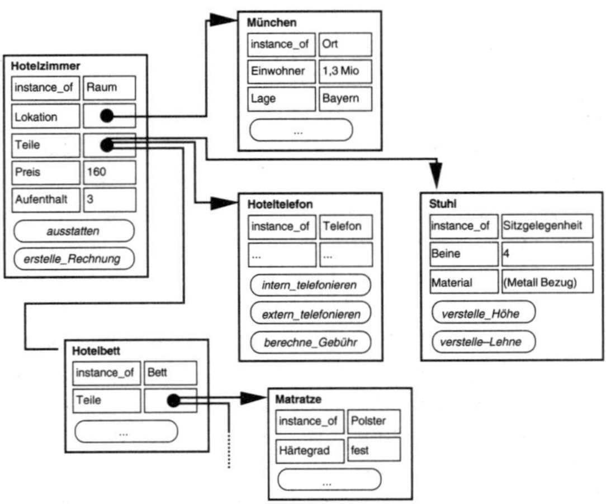

Abb. 19: Beispiel für die Kopplung assoziativer Beziehungen semantischer Netze mit Rahmen

definierten Klassen wie *Ort*, *Raum*, *Telefon*, *Bett*, *Polster*, die selbst wieder Unterklassen anderer Klassen sein können, sind konkrete Exemplare erzeugt worden, deren Fächer entsprechend mit Werten gefüllt sind. Einige dieser Einträge, z.B. *Bayern*, können selbst wieder Verweisen auf strukturierte Postionen des gleichen Namens entsprechen.

In jedem Knoten des obigen Netzes sind Attribute mit zugehörigen Werten gespeichert. Wenn man etwa in dem semantischen Netz aus Abb. 19 wissen möchte, welchen Härtegrad die in dem beschriebenen Hotelbett vorhandene Matratze hat, so läßt sich die Antwort darauf über die folgende Kette von Hinweisen herleiten:

Das *Hotelzimmer* enthält →
ein *Hotelbett*, welches enthält →
eine *Matratze*, welche → fest ist.

Will man wissen, wie hoch die Zimmerrechnung gerade ist, dann aktiviert die entsprechende Nachricht die dazugehörige Methode *erstelle_Rechnung*, wodurch wiederum eine Nachricht an den Rahmen Telefon verschickt wird, um auch die verbrauchten Gebühreneinheiten zu berücksichtigen.

Ich habe zu Beginn dieses Kapitels schon davon gesprochen, daß Wissensrepräsentationsformalismen auch miteinander kombiniert werden können. Zu einer Kombination semantisches Netz/Rahmen kann man sich z.B. auch vorstellen, daß die prozeduralen Teile eines Rahmens, also die Methoden, auf andere Formalismen zurückgreifen. Dies können konventionelle Algorithmen sein, aber auch Mengen von Regeln, die fallbasiert die Ausführung unterschiedlicher Aktionen bewirken. Beispielsweise könnten Zimmerpreise für Kunden mit Sonderkonditionen auf einer anderen Basis berechnet werden als für konventionelle Gäste.

Diese Eigenschaft, mehrere Formalismen für die Wissensrepräsentation zur Verfügung zu stellen, findet man in vielen KI-Werkzeugen wieder. Die vielfach auch als *Expertensystemschale* oder allgemeiner mit dem englischen Begriff *shell* bezeichneten Systeme sind nichts anderes als wissensbasierte Systeme, deren Wissensbasis noch nicht gefüllt ist. Sie stellen in der Regel Methoden zur Erstellung und Verarbeitung von Regeln und Objekten zur Verfügung. Einen guten Überblick findet man in dem von NELSON M. MATTOS verfaßten Buch ›An Approach to Knowledge Base Management‹.

3. Kapitel: Problemlösungsstrategien

3.1 Suchprobleme

Suchverfahren sind bis heute zentrale Forschungsgegenstände der KI. Sie waren von Anfang an eine Schlüsseltechnologie, um intelligentes Verhalten bei der Problemlösung zu simulieren. Vor allem geht es dabei um die Suche nach möglichen Handlungen und deren Erforschung im Hinblick auf ein wohldefiniertes Ziel. Fast immer ist dabei eine Auswahl von Handlungsalternativen gegeben, die der Computer zu analysieren hat, um dann die vielversprechenste auszuwählen. Der kritische Punkt ist die richtige Wahl der anzuwendenden Suchstrategie.

Wenn Menschen Probleme zu lösen versuchen, wägen sie im allgemeinen zwischen alternativen Vorgehensweisen ab, um dann eine davon anzuwenden. In Spielsituationen z.B., in denen es darum geht, den Gegner zu schlagen, gibt es in der Regel verschiedene Möglichkeiten, um einen Spielzug auszuführen. Der Sinn der meisten Spiele besteht darin, in jeder Situation den für die Zielerreichung bestmöglichen Zug zu finden. Dabei muß der gewählte Spielzug für die aktuelle Spielsituation nicht unbedingt die beste Alternative darstellen, aber für das globale Ziel, das Spiel zu gewinnen, sollte er den größten Nutzen bringen. Gute Schachspieler wenden genau diese Strategie an. Dabei orientieren sie sich an bestimmten *Faustregeln*, um die Stellung der eigenen Spielfiguren zu bewerten, z.B. den Wert der geschlagenen Spielfiguren, die Kontrolle über die Brettmitte, die Mobilität oder Stellungsvorteile gegenüber dem Gegenspieler.

Eine solche Vorgehensweise läßt sich auch auf andere Gebiete übertragen: Mediziner nutzen ihr Erfahrungswissen, um aufgrund bestimmter Krankheitssymptome die ›wahrscheinlichste‹ Diagnose zu erstellen. Dazu betrachten sie nicht einzelne Symptome, die sie ohne zu überlegen bis ins letzte Detail verfolgen, sondern setzen alle Erscheinungen einer Krankheit mit der Reihenfolge ihres Auftretens und ihren Wechselwirkungen in Beziehung.

Aber nicht nur in Spezialgebieten finden Faustregeln ihre Anwendung, um Lösungen für bestimmte Probleme zu finden. Auch im täglichen Leben werden wir mit Situationen konfrontiert, die es verlangen, aus einer Menge von manchmal unermeßlich vielen *Handlungsalternativen* auszuwählen. Betrachten wir das alltägliche Problem, mit dem Auto von einem Startort S aus zu einem Zielort Z zu gelangen. Um die Anschaulichkeit des Beispiels zu bewahren und es nicht unnötig aufzublähen, wird angenommen, daß sich alle möglichen Straßenverbindungen zwischen S und Z mit Hilfe einer einfachen Straßenkarte darstellen lassen. In ihr sind Ortschaften und Verbindungsstraßen mit entsprechenden Entfernungsangaben aufgeführt (vgl. Abb. 20).

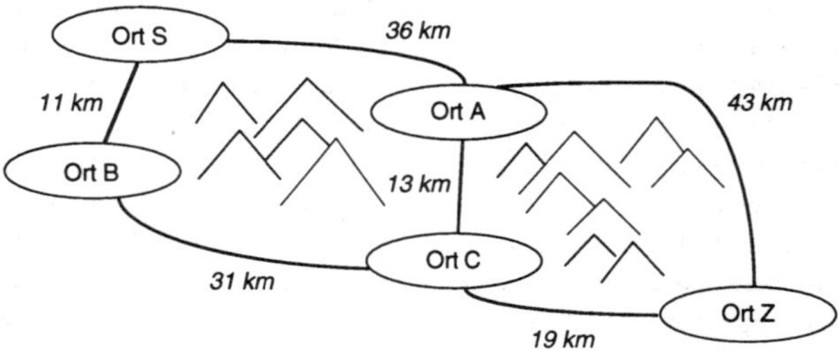

Abb. 20: Beispiel eines einfachen Straßennetzes

Suchprobleme wie dieses einfache Beispiel lassen sich in der KI in Form eines allgemeinen *Problemlösungsmodells* mit Hilfe der *Graphentheorie* beschreiben. Dazu verwendet man einen sogenannten Zustandsgraphen. Ein *Zustandsgraph* besteht aus einer Menge von Knoten und einer Menge von gerichteten Kanten. Die Kanten stellen mögliche Aktionen dar, und die Knoten entsprechen den Zuständen, also entweder dem Startzustand oder den Zuständen, die durch die Ausführung von Aktionen erreicht werden können. Der ausgezeichnete *Startknoten* repräsentiert eine gegebene Ausgangssituation, und entsprechende *Zielknoten* korrespondieren mit möglichen Lösungen eines Problems. Jeder Zustand, außer dem Startzustand, entspricht einer Sequenz von Aktionen, einem ›Weg‹[7]. Zu beachten ist, daß auch mehrere Wege zu einem Knoten führen können.

Straßenkarten, wie die in Abb. 20 dargestellte, sind typische Repräsentanten solcher Zustandsgraphen. Der Startknoten für die spezifische Problemstellung ist Ort S, und der Zielknoten entspricht Ort Z. Die Menge der möglichen Aktionen bei diesem Problem ist durch die vorgegebenen Straßenteilstücke zwischen den Orten definiert. Dieses Beispiel einer Straßenkarte ist in besonderer Weise dazu geeignet, das Verhalten alternativer Suchstrategien verständlich zu machen und ihre Unterschiede zu verdeutlichen.

Ein durch den Graphen explizit dargestellter *Zustandsraum* (engl. *state space*) enthält also alle möglichen Handlungsfolgen in jeder denkbaren Situation der Problemstellung. Sie entsprechen den Wegen von der Problemstellung bis hin zu Situationen, die entweder zum Ziel geführt oder aber in einer Sackgasse geendet haben. Zunächst stellt jede Folge von Teilstrecken, die hintereinander befahren werden kann, eine potentielle Lösung dar. Als unsinnig werden jedoch sicherlich solche Varianten ausscheiden, die *Schleifen* enthalten. So darf die Strecke von Ort S aus über die Orte A, C und B nicht mehrmals befahren werden.

In den meisten Fällen gibt es alternative Handlungsfolgen, um das Ziel zu erreichen oder eine Lösung zu finden. Beispielsweise könnte man Ort Z von S aus über die Orte B und C anfahren oder die Route über die Orte A und C wählen. Da man jedoch immer bestrebt ist, einen möglichst kurzen Weg zu finden, wird es in der Regel nur eine, nämlich die beste Lösung geben. Um den Zustandsraum einigermaßen übersichtlich zu halten, wandelt man den Zustandsgraphen in einen *Suchbaum* um. Nimmt man den in Abb. 20 dargestellten Zustandgraphen, so kann man den in Abb. 21 gezeigten entsprechenden Suchbaum dafür angeben.

Diese Form der Darstellung wird als Suchbaum bezeichnet, da sie – auf den Kopf gestellt – wie ein *Baum* nach oben hin eine zunehmende Verästelung aufweist. An der *Baumwurzel* ist folglich der Ausgangszustand des Problems dargestellt, und die Enden der äußeren Zweige, die *Blätter*, repräsentieren entweder Lösungen für das Problem oder aber Zustände, die Sackgassen bedeuten. Im Unterschied zu Zustandsgraphen ist der Baum gerichtet, d.h., die miteinander verbundenen Knoten stehen als *Vorgänger* und *Nachfolger* in einer eindeutigen Beziehung zueinander. Jede Strategie, diesen Baum zu durchsuchen, ist mit einer bestimmten Reihenfolge verbunden, in der die Knoten besucht werden sollen.

Es wäre sehr einfach, ein Computerprogramm zu schreiben, das z.B. in der Lage ist, Schach zu spielen, indem es alle Handlungsfolgen für mögliche Spielzüge durchläuft, um dann diejenige auszuwählen, die am ehesten zum Ziel, also zum Spielgewinn zu führen scheint. Eine solche Strategie des Problemlösens bezeichnet

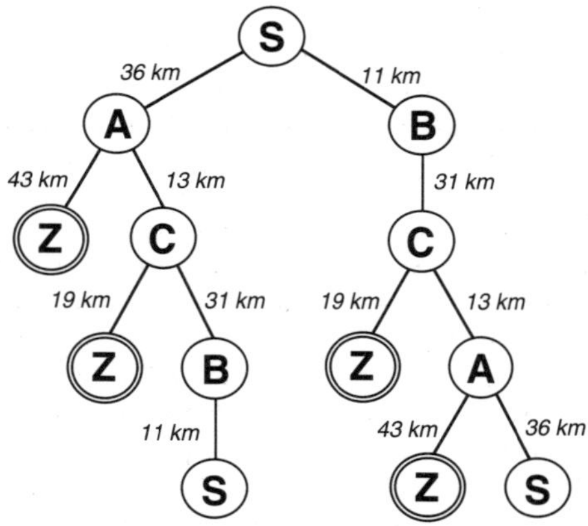

Abb. 21: Suchbaum für das Problem ›Finde einen Weg von Ort S nach Ort Z‹ (vgl. Abb. 20)

man als erschöpfende Suche. Verfahren, die erschöpfende Suche betreiben, sind etwa Tiefensuche (engl. *depth-first search*) oder Breitensuche (engl. *breadth-first search*). Beide Verfahren arbeiten den Suchbaum nach einer bestimmten Systematik ab, z.B. ›von links nach rechts‹ oder ›von oben nach unten‹. Während die Tiefensuche möglichst schnell sehr tief in den Baum vorzudringen versucht, bearbeitet die Breitensuche zunächst alle Knoten einer Ebene des Suchbaumes, bevor sie deren Nachfolger untersucht. Die Anwendung dieser Strategien auf das konkrete Beispiel in Abb. 21 ist in Abb. 22 dargestellt.

Bei der Tiefensuche ergibt sich eine Abarbeitungsreihenfolge der Baumknoten von ›SAZ‹ und bei der Breitensuche von ›SABZ‹.

Damit sind eindeutige Fahrrouten definiert. Beide Verfahren, Tiefensuche wie auch Breitensuche, würden von Ort S aus über Ort A nach Z fahren und eine Strecke von 79 km zurücklegen. Bei Anwendung der Tiefensuche würde man zwei, bei der Breitensuche drei Suchschritte benötigen.

Zu beachten ist, daß beide Strategien die Entfernungsangaben der einzelnen Straßenabschnitte bei ihrer Vorgehensweise in keiner Weise berücksichtigen. Daß die Tiefensuche in diesem Fall nach

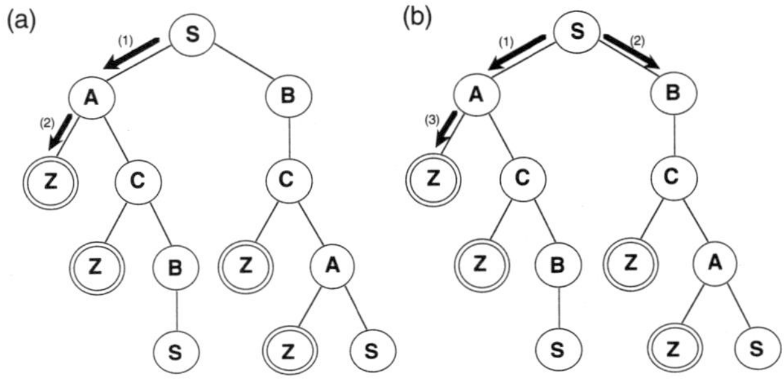

Abb. 22: Prinzip von Tiefensuche (a) und Breitensuche (b)

nur zwei Schritten eine Lösung findet, ist reiner Zufall. Wäre der Baum an der Wurzel horizontal gespiegelt, so würden beide Strategien andere Ergebnisse erbringen.

Der Zustandsraum wird bei beiden Verfahren sozusagen ›blind‹ abgearbeitet, bis ein Zielzustand erreicht ist. Das garantiert in jedem Fall das Auffinden einer Lösung, die Effizienz der Verfahren ist jedoch offensichtlich stark von der Gestalt des Suchbaums abhängig. Im schlechtesten Fall kann es vorkommen, daß der gesamte Suchbaum durchsucht werden muß, bevor eine erste Lösung gefunden wird.

Durch die Orientierungslosigkeit der erschöpfenden Suche wird oft sehr viel unnötige Zeit damit verbracht, in zur Lösungsfindung irrelevanten Teilen des Suchbaumes zu suchen. Erschöpfende Suche eignet sich vor allem für Probleme mit überschaubaren Zustandsräumen, ist jedoch i.d.R. aufgrund der Größenordnung, die Zustandsräume bei praktisch zu lösenden Problemen annehmen können, völlig ungeeignet.

Ich möchte an dieser Stelle noch einmal auf das Schachspiel zurückkommen. Hier gibt es insgesamt etwa 10^{120} mögliche Spielsituationen, welche allen realistischen Handlungen der Spielfiguren entsprechen. Diese Größenordnung entspricht einer so unvorstellbar großen Zahl, daß, wenn man alle Sekunden seit dem ›Urknall‹, also seit etwa 110 Milliarden Jahren, addieren würde, diese nur einem Bruchteil dieser Zahl entsprächen. Eine solche Größenordnung entspricht einer Rechenleistung, an der die heute verfügbaren schnellsten Rechner einige Billionen Jahrhunderte arbeiten müßten[8].

Im allgemeinen hängt die Effizienz von Lösungsansätzen im wesentlichen davon ab, den Zustandsraum auf eine sinnvolle Größe einzuschränken. Bei einem Schachspiel ist der Zustandsraum so umfangreich, daß er unmöglich vollständig erzeugt werden könnte.

Um das Problem trotzdem lösen zu können, erzeugen die heutigen Schachprogramme ihren Zustandsraum nicht vollständig und explizit, sondern nur teilweise und implizit. Wie die Erweiterung des Zustandsraumes in einer konkreten Spielsituation aussieht, entscheiden die verbleibenden Spielfiguren sowie deren mögliche Züge. Das Ziel besteht folglich darin, im erweiterten Zustandsraum denjenigen Zug auszuwählen, der, z.B. nach Analyse der Gegenzugmöglichkeiten des Gegners, am vielversprechensten ist.

In den folgenden Abschnitten dieses Kapitels versuche ich aufzuzeigen, wie Probleme durch die Anwendung effizienter *Suchstrategien*, sogenannter Heuristiken, gelöst werden können. Menschen benutzen dazu Faustregeln, welche sie intuitiv oder gemäß ihrem Erfahrungswissen anwenden, um die beste Lösung für eine bestimmte Problemsituation zu finden.

Jeder Mediziner unterzieht einen Patienten nur solchen Tests, die ihm aufgrund der auftretenden Symptome als sinnvoll erscheinen, und jeder Reisende, der möglichst schnell mit dem Auto von München nach Hamburg gelangen möchte, wird dazu bestimmt keine Waldwege, sondern sicherlich Autobahnen benutzen.

3.2 Heuristische Suchverfahren

Der Begriff *Heuristik* leitet sich von dem griechischen Verb ›heurískein‹ her, was im Deutschen etwa ›finden‹, ›entdecken‹ bedeutet. Heuristiken bezeichnen in der KI Faustregeln, die Systemen als Entscheidungshilfe dienen, um situativ diejenigen Aktionen im Zustandsraum auszuführen, die anscheinend am ehesten zu einer Lösung führen. Die Begrenzung des Suchraums auf eine sinnvolle Größenordnung beeinflußt die Effizienz von Programmen beträchtlich. Heuristiken werden im allgemeinen dann eingesetzt, wenn ein Problem keine exakte Lösung liefert, wie etwa in der medizinischen Diagnostik oder bei Problemen, für die zwar eine exakte

Lösung existiert, die Größe des Zustandsraums aber ein effizientes Auffinden verhindert.

Die Anwendung von Heuristiken zur Problemlösung in Zustandsräumen bezeichnet man als *heuristische Suche*. Heuristiken erlauben es, den gesamten Zustandsraum auf den Teilbereich zu beschränken, der für die Zielerreichung sinnvolle Handlungsketten darstellt (vgl. Abb. 23).

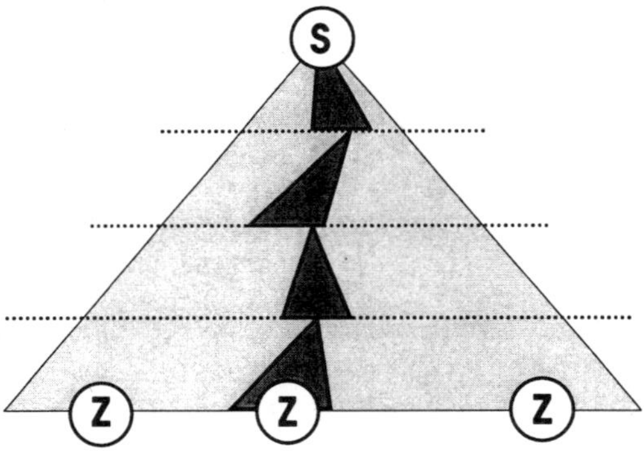

Abb. 23: Prinzip der heuristischen Suche im Zustandsraum

Dazu verwenden Heuristiken i.a. eine *Kostenfunktion,* welche eine Bewertung des aktuellen Zustands und der alternativen Folgezustände im Suchraum ermöglicht. Folglich kann man jedem Zustand im Zustandsraum eine reelle Zahl zuordnen, die entweder seinen Nutzen oder die mit seiner Erreichung verbundenen Kosten abschätzt.

Dies erlaubt es, alle in der aktuellen Situation *A* erreichbaren Folgezustände *B, C, D, E,* wie in Abb. 26 gezeigt, in eine geordnete Menge abzubilden, z.B. $cost(D) > cost(B) > cost(E) > cost(C)$. Die Ordnung gibt die Reihenfolge vor, in der die Knoten abgearbeitet werden sollen.

Die Wahl der anzuwendeten Kostenfunktion hängt von der Problemstellung selbst ab. Betrachtet man das folgende Beispiel:

›Wie komme ich am schnellsten auf den Gipfel eines Berges‹?

so können für dieses Beispiel zwei Aspekte in eine Kostenfunktion einfließen: die Höhe des momentanen Standortes und der Höhengewinn, welcher mit dem nächsten Schritt verbunden ist.

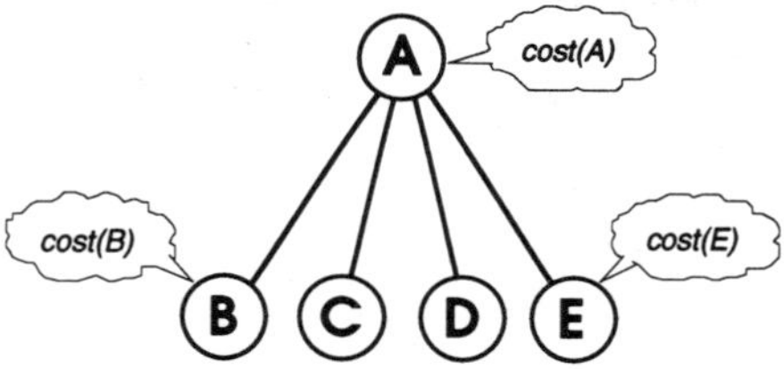

Abb. 24: Bewertung von Zuständen

Eine andere Problemstellung läßt sich an dem Beispiel Schiebepuzzle verdeutlichen, an dem so mancher sich in seiner Kindheit schon versucht hat. Dabei ist die Aufgabe, eine gegebene Anordnung von numerierten Plättchen unter Ausnutzung eines freien Feldes so hin und her zu verschieben, daß die Plättchen im Zielzustand, oben links beginnend, im Uhrzeigersinn in aufsteigender Numerierung geordnet sind, z.B.

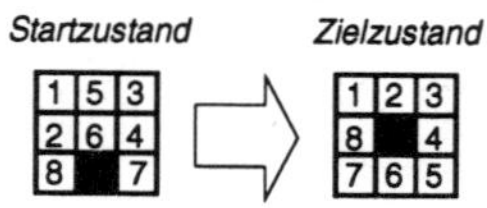

In diesem Fall gibt es viele Möglichkeiten, eine Kostenfunktion aufzustellen. Eine einfache ist z.B. das Zählen der Übereinstimmungen der momentanen Feldbelegungen mit den intendierten Positionen der Plättchen. In dem obigen Beispiel wäre *cost(Startzustand) = 3*. Nach Auswertung der drei alternativen Verschiebungsmöglichkeiten von Plättchen auf das freie Feld, erschiene die Alternative ›*Verschiebe ´6´ nach unten*‹ als die günstigste, da sie zu einem ›besseren‹ Zustand im Hinblick auf das Ziel führen würde.

Für die meisten Problemstellungen gibt es mehrere Kostenfunktionen, die unterschiedliche Wirkung und Qualität besitzen. Jedoch muß betont werden, daß Kostenfunktionen nicht automatisch zur besten Lösung führen.

An dieser Stelle möchte ich auf die in Abb. 20 dargestellte Straßenkarte zurückkommen. Wie in den meisten Fällen gibt es auch hier mehr als eine Alternative, um eine Lösung zu finden. Betrachtet man den Suchbaum in Abb. 21, so existieren vier alternative Fahrrouten, um den Zielort Z zu erreichen.

Die Verwendung von Tiefen- bzw. Breitensuche für dieses Beispiel garantiert lediglich, eine dieser Routen zu finden. Sinnvoller wäre es, nur einen möglichst kleinen Teil des Zustandsraumes durchsuchen zu müssen, um einen Weg zu finden, der eine möglichst kurze Entfernung zwischen Ort S und Ort Z aufweist. Verfahren, die eine explizite Kostenfunktion aufweisen, scheinen dafür besonders geeignet.

Im Folgenden werden einige solcher heuristischen Suchverfahren erläutert, welche in der KI seit vielen Jahren einen hohen Stellenwert einnehmen und Grundlage für zahlreiche weiterführende Ansätze sind.

3.2.1 Hill Climbing

Eine einfache Strategie, um den Suchraum einzuschränken, wäre, in jedem Schritt der Suche die Kosten der Folgezustände des aktuellen Zustandes miteinander zu vergleichen und durch Wahl des ›besten‹ Folgezustands die Suche fortzusetzen. Im Beispiel der Straßenkarte entspricht dies immer demjenigen Knoten *X*, welcher vom momentanen Standort aus mit der geringsten Kilometeranzahl erreicht werden kann, also

$$cost(X) = distanz(aktueller\ Knoten, X).$$

Folglich wäre mit dieser Strategie eine Fahrroute ›SBCAZ‹ ermittelt worden, was eine Fahrstrecke von 98 km bedeutet sowie einen Suchaufwand von fünf Schritten (vgl. Abb. 26(a)). Diese Vorgehensweise kann als eine durch lokale Messungen erweiterte Tiefensuche betrachtet werden. In der Literatur wird sie als *Steepest-Ascent-Hill-Climbing*-Verfahren bezeichnet. Die Anwendung dieses Verfahrens führt in dem gewählten Beispiel zwar zu mehr Kilometern als bei erschöpfender Suche, jedoch kann die Qualität dieses Ergebnises nicht verallgemeinert werden.

Die Bezeichnung *Hill Climbing* ist zurückzuführen auf die Vergleichbarkeit dieser Heuristik mit einem ›blinden‹ Bergsteiger: Um den Weg zum Gipfel zu finden, tastet dieser seine unmittelbare Umgebung ab. Aus der gewonnenen lokalen Information wählt er den steilsten Anstieg aus, um seinen nächsten Schritt auszuführen.

Diese Vorgehensweise wird solange wiederholt, bis seine direkte Umgebung keinen Anstieg mehr aufweist.

Das Problem, das diese Vorgehensweise mit sich bringt, ist offensichtlich: Vermeintlich vielversprechende Wege (›steile Anstiege‹) werden bevorzugt und führen zu einem lokalen Maximum. Aufgrund des streng vorwärtsorientieren Verhaltens ist damit die Lösungsfindung aber nicht gewährleistet (vgl. Abb. 25).

Abb. 25: Problem der lokalen Maxima bei der Hill-climbing-Heuristik

Genau dieses Problem tritt auch beim Beispiel Schiebepuzzle auf: In vielen Fällen müssen, um ein Plättchen auf sein Zielfeld hin zu bewegen, andere Plättchen, die sich schon auf ihrer richtigen Position befinden, wieder verschoben werden. In diesem Fall würde die Anwendung von Hill Climbing versagen, da diese Strategie nicht zwischen lokalen und globalen Maxima unterscheiden kann.

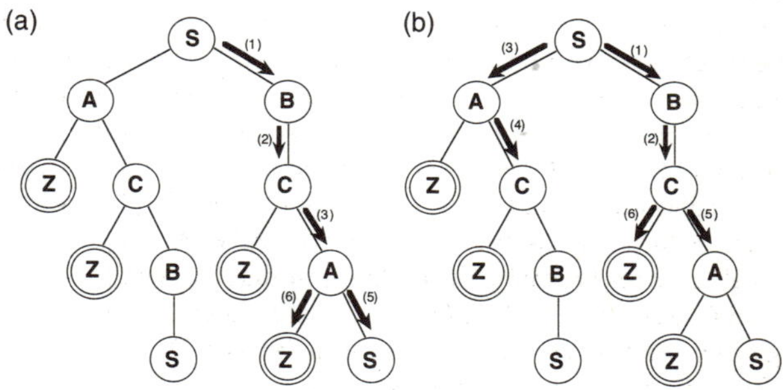

Abb. 26: Heuristische Suchverfahren: *Steepest-Ascent-Hill-Climbing* mit Backtracking (a); einfache *Best-First*-Suche (b).

Auswege aus diesem Dilemma sind *Backtracking* und *Look Ahead.* Backtracking steht für das schrittweise Zurücksetzen im Suchbaum bis zu nicht weiter verfolgten Alternativen, die gleich gut oder nur geringfügig schlechter waren als die ursprünglich gewählte Fortsetzung – vgl. Abb. 26(a): Nach Mißerfolg von Schritt (5) und Zurücksetzen zum Knoten A wird die Suche mit Schritt (6) fortgesetzt. Look Ahead bezieht sich auf die Vorausschau über mehrere Zustandsübergänge, bevor die Entscheidung über eine Fortsetzung der Suche getroffen wird.

3.2.2 Best-First-Suche

Eine andere Heuristik ist die sogenannte *Best-First*-Suche. Wie der Name schon sagt, versucht dieses Verfahren, in jedem Schritt denjenigen Folgeschritt durchzuführen, welcher insgesamt mit den geringsten Kosten verbunden ist. Dazu wird eine Kostenfunktion *strecke(X)* eingeführt. Sie ermittelt die Anzahl der Kilometer, die auf einer Fahrroute vom Startort S bis zum Ort X bisher zurückgelegt wurden, z.B.

$$strecke(C) = distanz\,(S, B) + distanz(B, C) = 11 + 31 = 42$$

Im Gegensatz zum Steepest-Ascent-Hill-Climbing-Ansatz, bei dem eine lokale Betrachtung von Alternativen erfolgt, werden hier alle möglichen Folgezustände X von bisher untersuchten Teilstrecken berücksichtigt. Die entsprechende Kostenfunktion könnte demnach wie folgt definiert sein:

$$cost(X) = strecke(aktueller\ Knoten) + distanz(aktueller\ Knoten, X)$$

Legt man diese Kostenfunktion zugrunde, so wird im Beispiel nach sechs Suchschritten die Fahrroute ›SBCZ‹ mit einer Streckenlänge von 61 km ermittelt. Die Vorgehensweise des Verfahrens sowie die Reihenfolge der Schritte bei der Suche ist in Abb. 26 (b) veranschaulicht..

Um in jedem Fall den kürzesten Weg zu finden, müssen alle diejenigen Teilstrecken weiter untersucht werden, welche kürzer sind als der bisher kürzeste Weg zu einer Lösung.

Für diese Strategie läßt sich eine vereinfachte Vorschrift BFS (*best first search*) angeben. Als Eingabe gehen Start- und Zielzustand in die Vorschrift ein. Als Ausgabe wird ein Weg vom Start- zum Zielzustand geliefert, falls ein solcher existiert.

```
Vorschrift BFS (Startzustand, Zielzustand)

(1)  KANDIDATEN := Startzustand
(2)  loop  if KANDIDATEN = Ø then STOP
             (** MIT MIßERFOLG **)
(3)        AKTUELL :=  Knoten aus KANDIDATEN mit
                          niedrigsten Kosten
             (** oder bester Bewertung **)
(4)        if AKTUELL = Endzustand then STOP
             (** MIT ERFOLG **)
(5)        NACHFOLGER := {alle Folgezustände von
                             AKTUELL}
(6)        for all element N of NACHFOLGER do
(7)        if    N noch nicht besucht then
(8)              KANDIDATEN := KANDIDATEN + N
(9)        KANDIDATEN := KANDIDATEN - AKTUELL
(10) endloop
```

Die Menge KANDIDATEN enthält diejenigen Knoten, die Endpunkte bisher untersuchter Teilstrecken darstellen. Der Knoten AKTUELL entspricht in jeder Situation dem Knoten mit den global niedrigsten Kosten (oder der besten Bewertung). Seine Nachfolger werden weiter untersucht und – falls sie bisher noch nicht betrachtet wurden – in die Menge KANDIDATEN aufgenommen.

Eine weitere Verbesserungsmöglichkeit bei einer Best-First-Suche bietet sich in der zusätzlichen Einschränkung des Suchraums. Dazu wird eine *Schätzfunktion* eingeführt, welche abschätzen soll, wie weit es vom momentanen Standort aus noch bis zur Lösungsfindung ist. Damit wird eine erweiterte Kostenfunktion *cost(X)* eingeführt, die sich aus zwei Komponenten zusammensetzt:

$$cost(X) = g(X) + h(X) \qquad (1)$$

Die Funktion g beschreibt die Kosten $g(X)$ für den zurückgelegten Weg vom Startknoten S bis zum Knoten X, und die Funktion h schätzt die Kosten $h(X)$ von X aus bis zum Ziel Z ab. Dieser Zusammenhang ist noch einmal in Abb. 27 skizziert.

Für das betrachtete Straßenkartenbeispiel könnte als Schätzfunktion z.B. die Funktion *luftlinie(X, Z)* verwendet werden, die angibt, wie groß die direkte Entfernung von der Stadt X zum Ziel-

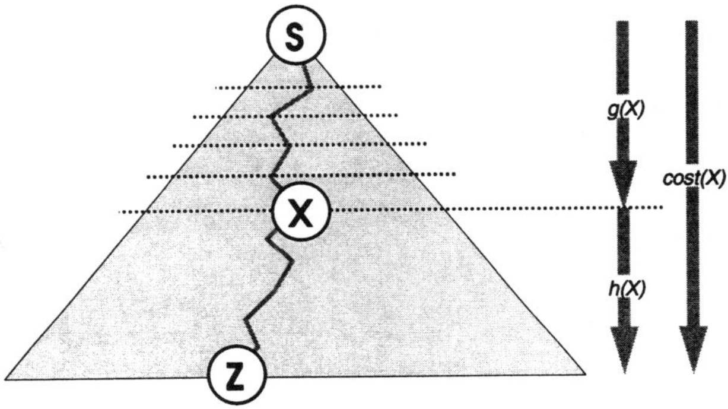

Abb. 27: Wirkungsbereiche der Kostenfunktion mit Schätzfunktion

ort Z ist, also wieviel Kilometer noch mindestens zurückgelegt werden müssen. Die Werte der Funktion sind in Abb. 28 dargestellt.

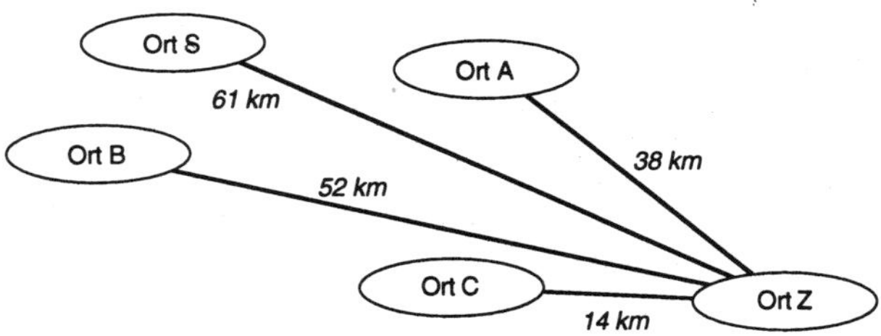

Abb. 28: Werte der Schätzfunktion *luftlinie(X, Z)*

Damit ist man in der Lage, in jedem Zustand der Suche in Verbindung mit der bisher zurückgelegten Strecke eine Schätzung für die mögliche Länge der Fahrroute durchzuführen. Somit ergibt sich die Funktion:

$$cost(X) = strecke(X) + luftlinie(X, Z)$$

In Abb. 29 ist die Wirkung dieser Funktion beschrieben. Als Ergebnis wird die Fahrroute von Ort S über die Orte B und C nach Ort Z ermittelt, was der kürzestmöglichen Streckenverbindung mit einer Länge von 61 km entspricht. Zu beachten ist, daß mit Verwendung einer Schätzfunktion wesentlich weniger Schritte zur Lösungsfindung notwendig sind als ohne (vgl. Abb. 26).

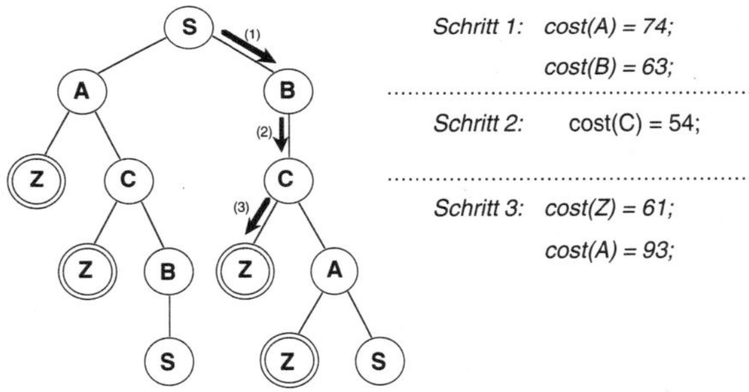

Abb. 29: Wirkung einer zweikomponentigen Kostenfunktion in der Best-First-Suche

Überträgt man das Verhalten von Heuristiken auf praktische Problemstellungen, so ist die Qualität ihrer Lösung und die Effizienz ihrer Suche oft unzureichend. Nimmt man beispielsweise einen autonomen Roboter, der in einer gefährlichen Umgebung operieren soll, so kann schon ein einziger falscher Schritt zu einer Katastrophe führen. Folglich sind die Anforderungen, welche eine Heuristik erfüllen muß, in den meisten Fällen höher als bei ›einfacher‹ Hill-Climbing- oder Best-First-Suche. Es reicht dann nicht mehr aus, irgendeinen Weg zum Ziel zu finden, sondern die ausgewählte Heuristik muß den kürzesten Weg garantieren.

3.2.3 A*-Suche

Heuristiken, die immer den kürzesten Weg zum Ziel finden, falls ein Weg solcher existiert, nennt man *zulässig* (engl. *admissible*). Betrachtet man etwa Problemstellungen, bei welchen die Zustandsübergänge alle gleich viel ›kosten‹, z.B. ... minimale Anzahl von Zügen, so ist auch die Breitensuche eine *zulässige* Strategie, da sie zunächst alle Wege der Länge n, d.h. g(X)=n, untersucht, bevor sie Wege der Länge n+1 betrachtet. Für den praktischen Einsatz sind jedoch effiziente Verfahren notwendig.

Eine der wohl bekanntesten zulässigen Heuristiken ist der sogenannte A*-Algorithmus[9]. Um die Eigenschaften dieses Verfahrens zu erklären, muß die unter (1) angesprochene Formel leicht modifiiziert werden:

$$cost^*(X) = g^*(X) + h^*(X) \qquad (2)$$

g^* beschreibt die Kosten des kürzesten Pfades $g^*(X)$ vom Startknoten zum Knoten X im Zustandsraum. h^* ist eine Schätzfunktion, deren Wert $h^*(X)$ kleiner oder höchstens gleich groß ist wie die Kosten des kürzesten Weges von X zum Zielzustand. Dadurch, daß die verwendete Schätzfunktion niemals die tatsächlichen Kosten zum Zielknoten übersteigt, ist garantiert, daß immer der kürzeste aller Wege zum Ziel gefunden wird. Eine solche Funktion stellt auch die im Beispiel der Straßenkarte verwendete Funktion *luftlinie* dar, da eine mögliche Streckenverbindung zwischen einem Knoten X und dem Zielknoten Z in jedem Fall größer oder gleich der Entfernung *luftlinie(X, Z)* sein muß.

Für den oben angesprochenen Spezialfall gleich großer Zustandsübergangskosten kann man sogar die Breitensuche als A*-Heuristik bezeichnen, und zwar im Fall $h^*(X) = 0$ für alle X.

Abschließend ist zu bemerken, daß Art und Komplexität der Kostenfunktion zu sehr aufwendigen Berechnungen führen können. Deshalb sollte die Einschränkung des Suchraumes nicht alleiniges Kriterium bei der Wahl der Heuristik sein.

Der interessierte Leser sei auf das Buch ›The elements of Artificial Intelligence‹ verwiesen, in dem STEVEN L. TANIMOTO einige Algorithmen für die vorgestellten Suchverfahren angibt.

3.3 ›Mittel-zum-Zweck‹-Analyse

Bei der Suche nach Lösungen in einem formal spezifizierten Zustandsraum ist jede Situation, welche durch die Ausführung von Aktionen erreicht werden kann, durch bestimmte Bedingungen gekennzeichnet, die sie hinreichend beschreiben. Dies gilt für alle Zustände entlang eines Weges im Suchbaum. Bei den bisher beschriebenen heuristischen Ansätzen sind wir stets davon ausgegangen, daß, von einem gegebenen Startzustand aus, durch die sequentielle Verknüpfung von Aktionen eine Lösung gefunden wird.

Manche Situationen erlauben diese Vorgehensweise jedoch nicht, da Handlungsalternativen nicht explizit bereitstehen, sondern erst implizit erzeugt werden müssen. Deshalb könnte alternativ die Erforschung eines Zustandsraums auch so organisiert sein, daß die Lösung eines Problems in der Suche nach Schritten besteht, die – zusammengebaut – irgendwann einen durchgängigen Lösungsweg bilden (vgl. Abb. 30).

In der Praxis taucht diese Art von Problemen z.B. im Bereich der Planung auf, etwa in Verbindung mit einer Reise von einem Ort S zu einem Ort Z (vgl. Startzustand in Abb. 30).

Zur Veranschaulichung der Planungsaufgabe wird angenommen, daß Ort S auf einem anderen Kontinent als Ort Z liegt.

Um zum Zielort zu gelangen, müssen i.d.R. mehrere Verkehrsmittel in Anspruch genommen bzw. Teilstrecken auch zu Fuß zurückgelegt werden. Im allgemeinen klärt man zunächst diejenigen Schritte ab, die am wichtigsten erscheinen, also etwa, ob Flüge aus der Umgebung von Ort S in die Umgebung von Ort Z gehen. Erst danach versucht man, alle weiteren Verkehrsanbindungen herauszufinden. Damit ergibt sich die in Abb. 30 dargestellte schrittweise Vorgehensweise.

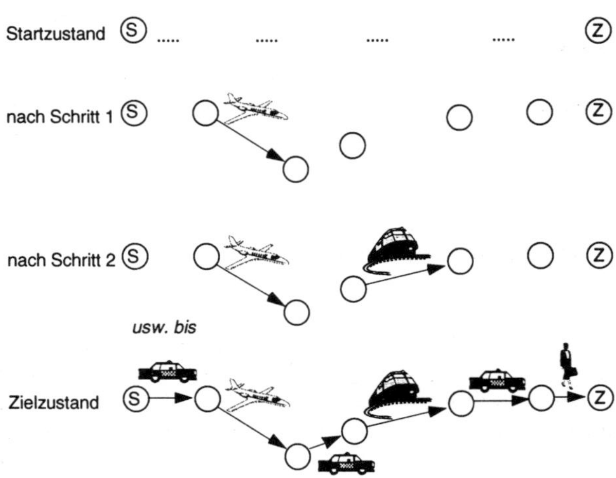

Abb. 30: Prinzip des schrittweisen Zusammenbaus von Teillösungen

Zur Lösung einer solchen Planungsaufgabe muß ein wissensbasiertes System spezielle Kenntnisse haben, z.B. wie groß die Entfernungen zwischen allen in Frage kommenden Zwischenstationen auf der Reiseroute von Ort S nach Ort Z sind, etwa ›von einem Ort zum nächsten Ort‹, ›von der Wohnung zum Bahnhof‹, ›vom Taxistand zum Flughafen‹ usw. Darüber hinaus muß das System über Wissen verfügen, welche Verkehrsmittel zum Erreichen eines konkreten Ortes zur Verfügung stehen und welche wann am sinnvollsten zu nehmen sind. Nicht sinnvoll wäre z.B., mit dem Fahrrad von Frankfurt nach New York fahren zu wollen.

Am besten lassen sich dazu Faustregeln definieren, die angeben, daß es günstig ist,

... das Flugzeug für Strecken größer als 500 km zu nehmen,
... die Bahn für Strecken über 100 km zu nehmen,
... das Auto für Strecken zwischen 15 km und 100 km zu nehmen,
... das Taxi für Strecken zwischen 1 und 15 km zu nehmen,
... zu gehen, falls die zurückzulegende Strecke unter 1 km lang ist.

Diese Art der Beschreibung kann in einer speziellen Datenstruktur, einer *Mittel-zum-Zweck-Tabelle,* festgehalten werden. In ihr sind alle zur Verfügung stehenden Mittel mit ihrem Verwendungszweck aufgelistet (vgl. Abb. 31).

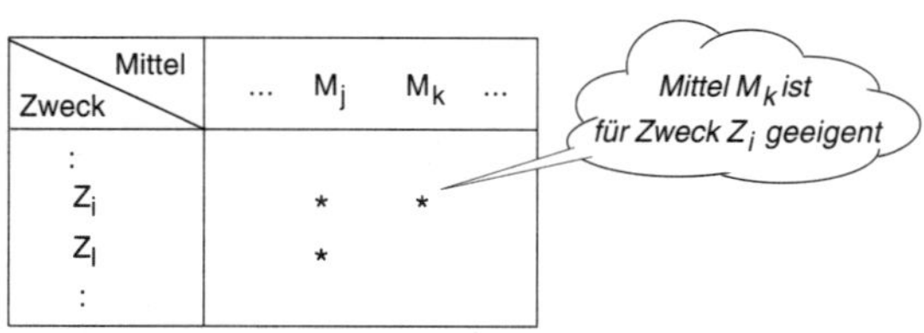

Abb. 31: Prinzip einer *Mittel-zum-Zweck-Tabelle*

Für das obige Beispiel sind die Mittel durch die Verkehrsmittel und die Zwecke durch die zurückzulegenden Entfernungen definiert. Für den Zweck, eine Strecke von über 500 km zurückzulegen, kann sowohl auf das Flugzeug als auch auf die Bahn zurückgegriffen werden.

Das System verwendet die oben aufgelisteten Faustregeln, um für das Anwendungsbeispiel aufgrund der zurückzulegenden Distanz zu entscheiden, welches Verkehrsmittel am besten eingesetzt werden sollte. Dabei ist es wichtig, daß ein Flugzeug nur dann genommen werden kann, wenn man sich am Flughafen befindet, und daß man mit der Bahn nur dann fahren kann, wenn man sich auf einem Bahnhof befindet. Dies impliziert, daß jede Aktion an bestimmte Vorbedingungen gebunden ist.

Hier wird offensichtlich, daß der Vorgang des Planens nichts anderes als die Suche nach einer Sequenz von Operationen ist, die vom Ausgangszustand zum Zielzustand führt, wobei es von höchster Priorität sein muß, die wichtigsten oder unbedingten Schritte zuerst zu planen.

Diese Strategie der Problemlösung nennt man in Anlehnung an obige Tabelle *Mittel-zum-Zweck-Analyse* (engl. *means end analysis*). Ihre Einführung geht zurück in das Jahr 1957, auf den von den Wissenschaftlern Newell, Shaw und Simon entwickelten *Allgemeinen Problemlöser* (engl. *general problem solver*).

Ein typisches Anwendungsgebiet für diese Art von Suche ist die Robotik. Hier ist es beispielsweise von großem Interesse, Bewegungen von Robotern oder Roboterarmen so zu planen, daß sie möglichst präzise und schnell Positionen ansteuern und dabei Objekte greifen oder bewegen können.

Dazu soll eine vereinfachte Problemwelt betrachtet werden: In einem abstrakten Raum, der durch Türen mit anderen Räumen verbunden ist, befindet sich ein Tisch, auf dem ein Buch liegt. Größe und Anordnung aller Gegenstände sind, wie in Abschnitt 2.4.1, mit Hilfe von Prädikaten beschrieben. Weiterhin sei beschrieben, ob ein Objekt gerade durch Roboterarm festgehalten wird oder nicht. Folgende Beschreibungsprimitive sollen dazu verwendet werden:

Prädikate = {klein(Objekt), groß(Objekt), bei(Objekt1, Objekt2), leer(Objekt), halte_fest(Objekt), auf(Objekt1, Objekt2)}

Ein Roboter, der in dieser Problemwelt agieren kann, erhält Aufgaben, Objekte zu bewegen oder aufeinander zu stapeln. Dazu steht ihm ein Vorrat an Operatoren zur Verfügung. Alle Operatoren sind durch ein Tripel mit dazugehörigen Vor- und Nachbedingungen angegeben:

{Vorbedingung} Operator {Nachbedingung}

Wie am Beispiel der Reiseplanung schon angesprochen, dienen Vor- und Nachbedingungen dazu, alle Erfordernisse zu beschreiben, die zur Ausführung des Operators erfüllt sein müssen. Dies geschieht mit Hilfe der Prädikatmenge. Durch den Vergleich von Vor- und Nachbedingung eines Operators kann man die situativen Veränderungen ersehen, die ein Operator bewirkt. Die Menge der Operatoren ist im Folgenden aufgelistet:

(1) {bei(Roboter, Objekt), groß(Objekt), leer(Objekt), *nicht* halte_fest(Objekt)}
SCHIEBE (Objekt, Stelle)
{bei(Objekt, Stelle), bei(Roboter, Stelle)}

(2) {bei(Roboter, Objekt), klein(Objekt), leer(Objekt), *nicht* halte_fest(Objekt)}
TRAGE (Objekt, Stelle)
{bei(Objekt, Stelle), bei(Roboter, Stelle)}

(3) {TRUE}
GEHE (Stelle)
{bei(Roboter, Stelle)}

(4) {bei(Roboter, Objekt)}
ERGREIFE (Objekt)
{halte_fest(Objekt)}

(5) {halte_fest(Objekt)}
LASSE_LOS (Objekt)
{*nicht* halte_fest(Objekt)}

(6) {bei(Roboter, Objekt2), halte_fest(Objekt1), klein(Objekt1)}
LEGE_AUF (Objekt1, Objekt2)
{auf(Objekt1, Objekt2), *nicht* halte_fest(Objekt)}

Um die entsprechende *Mittel-zum-Zweck-Tabelle* zu erstellen, werden die Operatoren als Mittel für bestimmte Zwecke verwendet, die zur Aufgabenlösung beitragen können (vgl. Abb. 32).

Durch die Anwendung der Operatoren soll der Roboter versuchen, eine ihm gestellte Aufgabe auszuführen. Dazu muß er eine Sequenz von Aktionen bestimmen, die einen Startzustand schrittweise in den Zielzustand überführt. Zur Bewältigung dieser Planungsaufgabe läßt sich ein Algoritmus MEA (*means end analysis*)

Zweck \ Mittel	Operation (1)	(2)	(3)	(4)	(5)	(6)
Bewege Objekt	*	*				
Bewege Roboter			*			
Mache Objekt frei				*		
Staple Objekte						*
Mache Arme frei					*	*
Halte Objekt				*		

Abb. 32: *Mittel-zum-Zweck-Tabelle* für das Roboterbeispiel

angeben, dessen Wissen aus der Mittel-zum-Zweck-Tabelle sowie der Operatormenge besteht. Das zu lösende Planungsproblem wird durch Eingabe von Start- und Zielzustand angegeben.

Vorschrift MEA (Startzustand, Zielzustand)
(1) if Startzustand = Zielzustand then STOP
(2) else bestimme den wichtigsten Unterschied zwischen Start- und Zielzustand
(3) loop wähle einen noch nicht getesteten OPERATOR zur Überbrückung dieses Unterschieds; falls keiner vorhanden, STOP mit Fehlermeldung
(4) beschreibe Zustände VOR_OPERATOR und NACH_OPERATOR
(5) TEIL_1 := MEA(Startzustand, VOR_OPERATOR)
(6) TEIL_2 := MEA(NACH_OPERATOR, Zielzustand)
(7) if TEIL_1 und TEIL_2 erstellt werden kommten then
(8) return ({TEIL_1, OPERATOR, TEIL_2})
(9) endloop

Der Algorithmus liefert als Ausgabe eine Operatorfolge zur Überführung des Startzustands in den Zielzustand. Dazu bestimmt er zunächst den wichtigsten Unterschied zwischen Start- und Zielzustand und versucht, diesen zu überwinden, indem er einen entsprechenden, noch nicht angewendeten Operator auswählt. Existiert ein solcher, so werden Vor- und Nachbedingungen spezifiziert, und der Algorithmus ruft sich selbst mit zwei neuen

Teilproblemen auf, die auf die gleiche Weise bearbeitet werden. Nach erfolgreichem Lösen aller Teilprobleme wird durch die Anweisung *return* eine Liste von Operatoren zurückgegeben, die einer Gesamtlösung entsprechen. Sie repräsentieren somit einen Plan zur Lösung des Problems.

Um die Arbeitsweise des Algorithmus zu verdeutlichen, soll ein Beispiel betrachtet werden. Angenommen, der Roboter soll folgendes Problem lösen:

›Bewege Schreibtisch mit daraufliegendem Objekt in anderes Zimmer‹,

so ist der wichtigste Unterschied zwischen Start- und Zielzustand der Standort des Schreibtisches. Bei Betrachtung der *Mittel-zum-Zweck-Tabelle* ist erkennbar, daß zur Überwindung des Unterschieds die Operatoren SCHIEBE und TRAGE eingetragen sind.

Da für den Operator TRAGE die Vorbedingung { ..., klein (Schreibtisch), ...} nicht erfüllt ist, kommt allein der Operator SCHIEBE in Frage. Die Festlegung auf SCHIEBE führt zur Definition entsprechender Vorbedingungen VOR_SCHIEBE und Nachbedingungen NACH_SCHIEBE. Die Beschreibung von VOR_SCHIEBE erfordert u.a., daß sich der Roboter beim Schreibtisch befinden und der Schreibtisch leer sein muß.

Damit ist ein neues (Teil-)Problem entstanden, dessen Startzustand durch den ursprünglichen Startzustand und dessen Zielzustand durch den Zustand VOR_SCHIEBE gegeben ist. Der entsprechende Unterschied kann durch die folgende Operatorfolge überbrückt werden.

GEHE ..., NIMM_AUF ..., SETZ_AB

Ich möchte an dieser Stelle noch einmal betonen, daß die betrachteten Beispiele sehr einfach gehalten sind. Die Spieldomänen und Beispielwelten in diesem Kapitel sind so gewählt, daß sie auch für Nichtfachleute ein verständliches Umfeld bieten sollen, um die Vorgehensweise der alternativen Verfahren zu veranschaulichen. Suchverfahren, wie sie in vorangegangenen Abschnitten beschrieben wurden, sind zwar die Grundlage für viele Lösungsansätze, für zeitkomplexe, reale Problemstellungen muß jedoch wesentlich mehr Wissen in den Suchprozeß einbezogen werden.

Im folgenden Abschnitt soll ein Ansatz vorgestellt werden, dessen wesentliches Prinzip es ist, die Anforderungen an eine Problemlösung als zusätzliches Wissen in den Suchprozeß mit einzubeziehen. Es handelt sich dabei um *Beschränkungsrelationen.*

3.4 Beschränkungsrelationen

Bei vielen praktischen Problemstellungen ist es wünschenswert, Zustände nicht erst beim Erreichen hinsichtlich der gewünschten Anforderungen zu überprüfen (generate & test), sondern die Anforderungen an die gewünschte Lösung schon als Wissen in den Suchprozeß mit einzubeziehen.

Somit sollen dem Lösungsmechanismus zuerst die Anforderungen (test) zur Verfügung gestellt werden, um sie im Suchprozeß an ›geeigneter‹ Stelle anzuwenden (generate). Das resultierende Suchverfahren wird als ›test & generate‹ bezeichnet. Die in den Suchprozeß einbezogenen Anforderungen nennt man *Beschränkungsrelationen* (engl. *constraints*).

Durch die Berücksichtigung zusätzlicher Anforderungen soll die Menge der alternativen Suchwege im Suchraum noch weiter eingeschränkt werden. Dabei ist zu beachten, daß die Wahl einer einzigen Alternative oft die Möglichkeit bietet, weitere Alternativen einzuschränken, und deren Einschränkung führt wiederum zur Einschränkung anderer. Diese sich fortpflanzende Einschränkung, auf die ich später noch einmal eingehen werde, bezeichnet man als *Propagierung.*

Um Zielanforderungen in den Suchprozeß mit einzubeziehen, muß das entsprechende Wissen einerseits formalisiert und repräsentiert werden, andererseits müssen Mechanismen bereitgestellt werden, die aus dem explizit vorhandenen Wissen (durch Streichung von Alternativen) neues implizites Wissen inferieren können.

Diese Art der Anforderungsmodellierung läßt sich am Beispiel Schach verdeutlichen. Man denke sich ein verkleinertes Schachfeld der Größe 4×4. Die Dame ist die stärkste Spielfigur im Schachspiel. Ihre Bewegungsfreiheit beinhaltet die Möglichkeit, von ihrem Standort aus in alle Richtungen so weit als möglich geradeaus zu ziehen. Das heißt, daß sie – wie in Abb. 33 dargestellt – vom Standort aus einen Zug sowohl nach links und rechts oder nach oben und unten als auch entlang der zwei Diagonalen ausführen kann. Dieser Zug darf beliebig lang sein und endet entweder an der Spielfeldbegrenzung oder auf dem Feld der zu schlagenden Spielfigur.

Dazu soll folgende Aufgabe gelöst werden:

Vier-Damen-Beispiel:

Gegeben sei ein 4×4-Schachfeld, auf dem vier Damen so zu plazieren sind, daß keine von ihnen eine der anderen Damen schlagen kann.

Wir wollen die Aufgabe so lösen, daß wir den vier Damen die vier Variablen V_1, V_2, V_3 und V_4 zuordnen. Dabei können wir voraussetzen, daß je eine Dame einer Spalte zugeordnet sein muß, um nicht auf einem Feld zu stehen, von dem aus sie mit einem Zug eine der anderen Damen schlagen kann. Die Lösung besteht darin, den Variablen Werte zuzuordnen, die entsprechend den Reihen des Schachfeldes mit einer Zahl zwischen 1 und 4 numeriert sind. Zu Beginn der Aufgabe kommt die gesamte Wertemenge der möglichen Reihen *{1,2,3,4}* als Belegung der Variablen in Frage.

Abb. 33: Vier-Damen-Beispiel: Vier Damen sind so zu plazieren, daß keine eine der anderen ›schlagen‹ kann

In bezug auf die Aufgabe muß gefordert werden, daß sich jede der Damen in einer anderen Reihe befinden muß. Dies kann ausgedrückt werden durch entsprechende Beschränkungsrelationen für jede der Damen. Für V_1 z.B. sind dies:

$$V_1 <> V_2,\ V_1 <> V_2 \text{ sowie } V_1 <> V_4.$$

Ebenso lassen sich für die beiden Diagonalen, die vom Standort von V_1 ausgehen, Relationen erstellen, welche die Position einer

Dame gegenüber den Positionen der anderen Damen einschränken. Damit ergeben sich weitere Beschränkungen:

$$V_1 <> V_2 +1,\ V_1 <> V_3 +2 \text{ und } V_1 <> V_4 +3$$

$$V_1 <> V_2 -1,\ V_1 <> V_3 - 2 \text{ und } V_1 <> V_4 - 3$$

Alle Anforderungen an die Lösung der gestellten Aufgabe in Form der Beschränkungsrelationen lassen sich mit einem *Constraintgraphen* zusammenfassen. Ein Constraintgraph besteht aus einer Menge von Knoten und einer Menge von Kanten. Die Knoten entsprechen Variablen, also in diesem Fall den Damen, und die Kanten repräsentieren die Beschränkungen oder Constraints, die zwischen den Variablen bestehen. In Abb. 34 ist der Constraintgraph für das Vier-Damen-Beispiel dargestellt. Die Darstellung

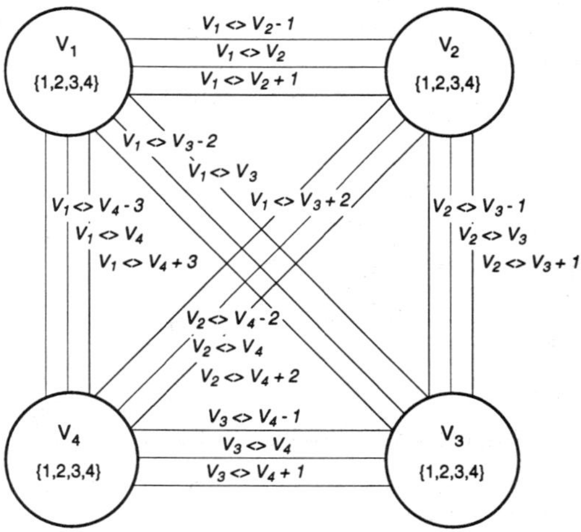

Abb. 34: Initialer Constraintgraph für das Vier-Damen-Beispiel

entspricht dem Ausgangszustand bei Aufgabenstellung. Die Knoten enthalten in diesem initialen Zustand den gesamten Wertebereich als mögliche Belegungen für die Variabalen.

Zu beachten ist, daß das Vier-Damen-Beispiel lediglich die Modellierung zweistelliger Beschränkungsrelationen erfordert. Jedoch ist diese Technik hinsichtlich der Anzahl der in die Relation einbezogenen Variablen (›Stelligkeit‹) nicht eingeschränkt.

Die Frage, wann die Beschränkungsrelationen sinnvoll angewendet werden können, ist einfach zu beantworten:

> *Immer, wenn auf einer Seite des Ungleichheitszeichens ein einzelner Wert (Singleton) zu finden ist, kann man aus der anderen Variablen diesen Wert herausstreichen.*

Zu Beginn des Suchprozesses wird eine der Variablen ausgewählt und ihr ein Wert aus dem Wertebereich zugewiesen. Dazu wird üblicherweise eine Heuristik angewendet.

Beispielsweise wählt man diejenige Variable aus, die den kleinsten Wertebereich aufweist. Die Idee, die hinter dieser Vorgehensweise steckt, ist die, daß ein kleiner Wertebereich eine Abhängigkeit von vielen anderen Variablen anzuzeigen vermag. Außerdem wird durch die Wahl eines kleinen Wertebereichs die Menge der Alternativen im Zustandsraum minimiert. Falls mehrere Variablen als Alternativen für diese Auswahl in Betracht kommen, wird von ihnen diejenige Variable ausgewählt, die mit den meisten Beschränkungsrelationen verbunden ist (engl. *first-fail principle*) und somit potentiell viele Propagierungen auslöst.

Verfolgen wir eine Instanziierung der Variablen V_1 in unserem Beispiel: V_1 wird also mit dem Wert 1 instanziiert. Die Wahl dieser Belegung führt alsdann zu der oben angesprochenen Propagierung von Einschränkungen im Wertebereich anderer Variablen. Man bezeichnet diesen Vorgang als *constraint propagation*. Im Beispiel werden durch Propagierung der Belegung der Variablen V_1 mit dem Wert 1 aus dem Wertebereich von V_2 die Werte 1 und 2 gestrichen, aus dem Wertebereich von V_3 die Werte 1 und 3 und aus dem Wertebereich von V_4 die Werte 1 und 4.

Während der Propagierung kommen Beschränkungsrelationen zur Ausführung, was man – ähnlich wie bei Regeln – als ›Feuern‹ von Relationen bezeichnet. Durch die erste Wertebelegung einer Variablen und anschließende *constraint propagation* verändert sich der Constraintgraph. Diese Veränderung ist in Abb. 35 aufgezeigt. Eine Beschränkungsrelation, die bereits ›abgefeuert‹ wurde, ist gestrichelt dargestellt.

Im nächsten Schritt wird V_2 mit dem Wert 3 belegt. Durch die Propagierung ergibt sich bei V_3 ein leerer Wertebereich. Dies stellt einen Widerspruch dar, und die Suche muß einen Schritt zurückgehen, also ein *Backtracking* durchführen.

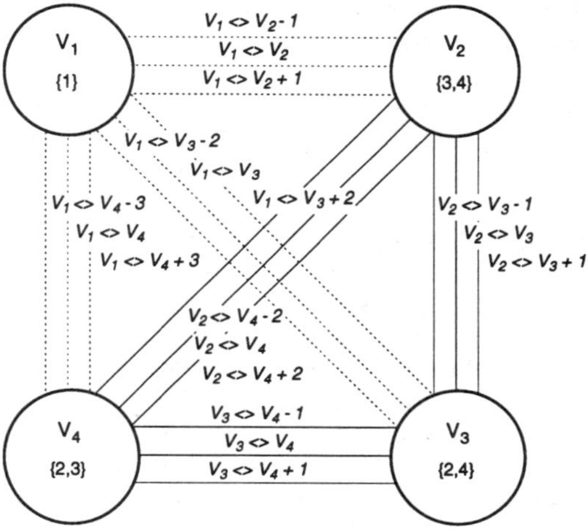

Abb. 35: Constraintgraph nach Instanziierung einer Variablen

Operational besteht die Schwierigkeit darin, nicht nur den Graphen aufzubauen und die Propagierungen zu verwalten, sondern auch die ›abgefeuerten‹ Beschränkungsrelationen durch das Backtracking sozusagen ›wiederzubeleben‹. Sei also der Wertebereich von V_3 rekonstruiert und V_2 mit dem Wert 4 belegt, so kommt man durch abwechselnde Ausführung von Propagierung, Backtracking und Wertebelegungen schließlich zu der Lösung, die in Abb. 36 illustriert ist.

Abb. 36: Eine Lösung für das Vier-Damen-Beispiel

Obwohl das obige Beispiel einfach erscheinen mag, kann man mit dieser Strategie Damenprobleme bis zu einer Größenordnung von 2000 Damen in angemessener Zeit lösen. In Abb. 37 ist der Suchraum im Vier-Damen-Beispiel zu Beginn der Suche dargestellt.

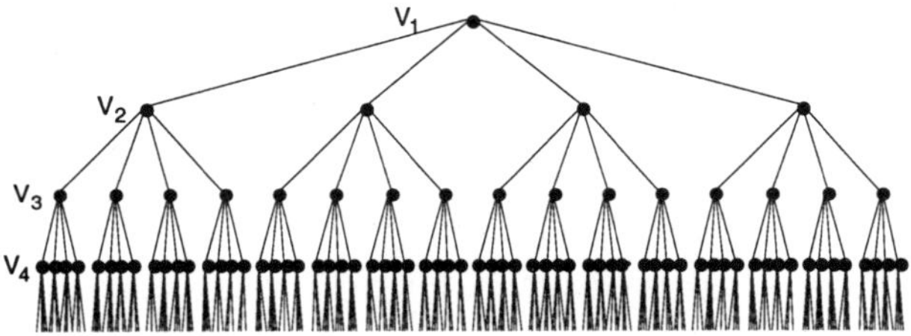

Abb. 37: Suchraum im Ausgangszustand des Vier-Damen-Beispiels

Jede Stufe im Suchraum entspricht einer Variablen im Beispiel. Alle inneren Knoten im Baum haben einen Verzweigungsgrad von vier, was der Mächtigkeit der Wertemenge entspricht. Jeder Knoten repräsentiert einen Wertezustand von Variablen: auf Stufe eins der Belegung von V_1, auf Stufe zwei der Belegungen von V_1 und V_2 usw. Beispielsweise entspricht der ganz linke Zweig des Baumes den Belegungen $V_1 = 1$, $V_2 = 1$, $V_3 = 1$ und $V_4 = 1$.

Aufgrund der Einbeziehung von Anforderungswissen in Form von Beschränkungsrelationen braucht nur ein kleiner Teil des Zustandsraums durchsucht zu werden (vgl. Abb. 38). Die Werte an den Kanten repräsentieren die Belegung der Variablen des darüberliegenden Knotens.

Besonders erwähnenswert ist dabei die sehr zielgerichtete Vorgehensweise der Suche. Dies liegt in den Propagierungen der Werte und Einschränkungen begründet. Ist einmal ein Weg eingeschlagen – also eine Wertebelegung vorgenommen –, so vermeidet die Propagierung eine Verzweigung im Suchbaum. Sie erfolgt nur dann, wenn Backtrackingschritte ein Zurücksetzten der Suche bedingen.

Typisch für den Einsatz von Constraints ist, daß man beim Erreichen von Zuständen mit unmöglichen Sachverhalten (*Inkonsistenzen*), die mit ›X‹ gekennzeichnet sind, den Baum nicht weiter durchlaufen muß, sondern durch Zurücksetzen (Backtracking) den Zustandsraum in erheblichem Maße einschränken kann.

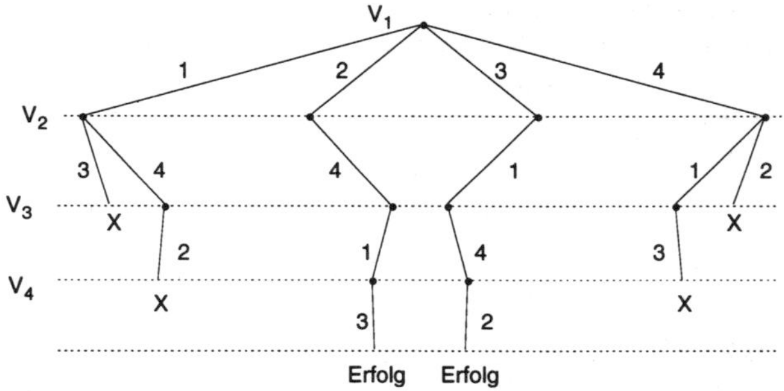

Abb. 38: Suchraum des Vier-Damen-Beispiels unter Verwendung von Beschränkungsrelationen

Anforderungen, wie sie mittels Beschränkungsrelationen in den Suchprozeß einbezogen werden können, lassen sich bei vielen praktischen Problemen finden.

In Bereichen der Planung und Diagnose, wie etwa auch auf dem Gebiet des Sprachverstehens, auf das ich im nächsten Kapitel noch ausführlicher eingehen werde, tauchen ständig Fragen in Verbindung mit Zeitkonsistenzen auf. Dazu möchte ich im Folgenden ein Beispiel geben.

Wenn es um die Interaktion zwischen Mensch und Computer oder auch zwischen Computern geht, müssen in vielen Fällen Inferenzen über ›abstrakte‹ Zeitpunkte durchgeführt werden. Begriffe wie ›vor‹, ›während‹, ›zwischen‹ sind Ausdrücke, die an Zeitpunkte oder -intervalle gekoppelt sind, ohne daß explizit über konkrete Zeitwerte gesprochen wird.

James Allen führte 1983 einen Formalismus ein, der es erlaubt, Aussagen über eine endliche Menge von Zeitpunkten zu machen. Dazu verwendet er 13 Relationen, welche die zeitliche Beziehung zwischen Ereignissen ausdrücken. Alle Ausdrücke lassen sich in Form von Operatoren spezifizieren. Dazu werden zwei abstrakte Ereignisse X und Y betrachtet, welche beide einen Startzeitpunkt X_1 bzw. Y_1 sowie einen Endzeitpunkt X_2 bzw. Y_2 besitzen. Zwischen den Ereignissen lassen sich dann Beziehungen definieren:

- X ›vor‹ Y , falls $X_2 < Y_1$
- X ›an‹ Y, falls $X_2 = Y_1$
- X ›überlagert‹ Y, falls $X_1 < Y_1$ und $X_2 > Y_1$

- X ›während‹ Y, falls $X_1 > Y_1$ und $X_2 < Y_2$
- X ›startet‹ Y, falls $X_1 = Y_1$
- X ›beendet‹ Y, falls $X_2 = Y_2$
- X ›gleichzeitig‹ Y, falls $X_1 = Y_1$ und $X_2 = Y_2$

Die Anzahl 13 ergibt sich aus der jeweiligen inversen Relation der ersten sechs Beziehungen.

Mit dieser Zeitlogik von Allen konnten erstmalig *qualitative* Aussagen über Zeitpunkte gemacht werden, ohne daß diese *quantitativ* gegeben sein mußten. Dadurch ist es möglich, auch Inferenzen auf qualitativer Basis durchzuführen. Nimmt man z.B. an, daß eine Aktion A_1 ›vor‹ oder ›während‹ einer Aktion A_2 durchzuführen ist, die Aktion A_2 jedoch vor Aktion A_3 stattfinden soll, so kann die Information, daß A_3 unbedingt nach A_1 stattfinden soll, von Interesse sein.

Nicht selten muß man davon ausgehen, daß Handlungen so zu planen sind, daß sie in einer vernünftigen Reihenfolge von zueinander konsistenten Zeitpunkten durchgeführt werden. Zur Lösung eignen sich insbesondere Constraintgraphen, die zu einer Modellierung ähnlich obigem Vier-Damen-Beispiel führen. Dabei entsprechen die Knoten des Graphen den Zeitpunkten und die Kanten den Relationen zwischen diesen.

Betrachtet man beispielsweise die Aufgabe, ein Haus zu bauen, so müssen alle damit verbundenen Tätigkeiten koordiniert und in einer sinnvollen Reihenfolge ausgeführt werden. Dabei entstehen Anforderungen, wann bestimmte Tätigkeiten ausgeführt sein müssen, bevor andere beginnen können. Zum Beispiel kann mit der Elektroinstallation erst dann begonnen werden, wenn der Rohbau abgeschlossen ist, und das Dach kann erst dann gedeckt werden, wenn der Dachstuhl vorhanden ist. Durch Verwendung eines korrespondierenden Constraintgraphen sowie die Formulierung der zeitlichen Anforderungen in Form von Beschränkungsrelationen läßt sich ein vollständiger Plan erstellen, in welcher Abfolge es am sinnvollsten ist, die beim Hausbau anfallenden Tätigkeiten durchzuführen.

4. Kapitel: Verarbeitung natürlicher Sprache

Um Information mit anderen auszutauschen, hat der Mensch über Jahrtausende hinweg natürliche Formen der sprachlichen Kommunikation entwickelt. Aus einer ursprünglich reinen Lautsprache, welche – anfänglich noch in Stein oder Muschelschalen geritzt und später auf Pergamentpapier geschrieben – die Geschichte überdauert hat, wurde eine hochentwickelte Kommunikationsform, die einen der wichtigsten Bestandteile unserer Kultur darstellt.

Die Sprache ist ein Sortiment von Vokalen sowie geschriebenen Zeichen und Symbolen, welches es uns Menschen erlaubt, uns einander mitzuteilen, und welches unser Denken und Handeln in erheblichem Maße fördert. Zivilisiertes Leben in der jetzigen Form wäre wahrscheinlich ohne Sprache nicht möglich. Erst die Sprache versetzt den Menschen in die Lage, seine abtsrakten Denkvorgänge auszudrücken. Und gerade diese Explizitheit der Sprache ist so wesentlich für ihre Analysierbarkeit und eröffnet damit die Möglichkeit, unser eigenes Denken zu analysieren. Wichtigste Voraussetzung dafür ist das Erfassen von Sprache.

4.1 Die Leichtigkeit des menschlichen Lesens

Die unbewußte Leichtigkeit, mit der der Mensch Sprache erfaßt, kann mit heute verfügbaren Computern auch nicht annähernd simuliert werden. Während der Mensch beim entspannten Lesen mehr als 300 Wörter verarbeitet, kann er etwa bei flüssiger Rede nur rund halb so viele akustisch reproduzieren.

Beim Lesen werden aus Buchstaben Gedanken und Assoziationen, verborgene Wünsche und Gefühle werden geweckt, und längst vergessen geglaubte Erlebnisse geschehen von neuem. Franz Mechsner hat an einem kleinen Beispiel im Magazin der *Süddeutschen Zeitung* den Prozeß des Lesens anschaulich und treffend so umschrieben:

›Solange der Junge mit den edelsten aller Rothäute‹ (gemeint ist Winnetou) ›zusammen ist, merkt er kaum, daß er, während er über die Prärie zu galoppieren glaubt, in Wahrheit unbewegt im Bett liegt. Sich in Raum und Zeit verlierend, kann er sogar vergessen, daß er liest, so gedankenleicht und ohne Widerstand fliegen die Buchstaben vom Papier in sein Gehirn und schaffen in jenem Organ, das zugleich Materie und Geist ist, Prärie und Pferde, den Freund der Freunde, ja, erschaffen ihn selbst neu – ohne daß er von der Neuschöpfung der Welt überhaupt etwas spürt.‹

Die Verarbeitung von Sprache ist eines der komplexesten Phänomene menschlicher Intelligenz überhaupt. Gerade deshalb ist es um so verwunderlicher, mit welcher Mühelosigkeit das menschliche Gehirn Sprache erfaßt und deutet. Dies scheint mir Grund genug, in diesem Abschnitt einen Exkurs zu unternehmen, der die Vorgänge beim Erfassen von Sprache vertiefen soll. Insbesondere möchte ich auf die zum Teil unreflektierten Techniken und perzeptuellen Fähigkeiten des Menschen am Beispiel Lesen eingehen.

Das menschliche Auge wandert beim Lesen nicht wie der Computer in einem schmalen Sichtfenster von links nach rechts, wie es vielleicht erscheint, sondern es bewegt sich vielmehr in Sprüngen von einem Fixationspunkt zum nächsten. Dabei liegt die Fixationshäufigkeit pro Wort zwischen 0 und 3 und konzentriert sich in der Nähe des Wortanfangs. Zwischen diesen Fixationspunkten ist der Text verschwommen und unscharf, also nicht zu identifizieren. Da der Mensch i.a. aber dennoch den Bedeutungsinhalt des Gelesenen versteht, liegt die Vermutung nahe, daß die an den Fixationspunkten gewonnene visuelle Information ausreicht, um auf den Textinhalt zu schließen.

Beim Lesen werden ganze Wörter oder sogar Gruppen von Wörtern auf einmal erkannt und bedürfen in manchen Fällen nicht einmal mehr einer weiteren visuellen Verarbeitung. Dabei spielt der Grad der Kenntnis einer Sprache eine wichtige Rolle. Ein hoher Kenntnisstand über eine Sprache wirkt sich entsprechend auch auf die Anzahl der Fixationspunkte in einer Zeile und damit auf die Lesegeschwindigkeit aus.

Schon das Lesen eines einzelnen Wortes bewirkt die Aktivität vieler Gehirnbereiche (vgl. Abb. 50, Abschnitt 5.1). Besonders Sehrinde, Zwischen- und Mittelhirn, aber auch der für die akustische Verarbeitung zuständige Gehirnbereich werden dabei aktiviert. Dies mag verwundern, doch wenn man darauf achtet, kann man sich selbst beim Lesen ›zuhören‹.

Die Eigenschaften des Schreibens und Lesens in einer Sprache beherrscht man erst dann, wenn man die Menge aller auditiv wahrnehmbaren Zeichen (Laute) und das System der die Laute repräsentierenden visuell wahrnehmbaren Zeichen (Schrift) entschlüsseln und verknüpfen kann. Das ›innere Sprechen‹ unterstützt das Verstehen von Sprache in erheblichem Maße. Nimmt man die in den USA oft verwendeten Abkürzungen *›4 SALE‹* oder *›happy birthday 2 U‹*, so wird ihre Bedeutung nur über die Reproduktion ihres Klangbildes verständlich. Andere Beispiele, z.B. Homonyme wie ›Grat‹ und ›Grad‹ oder ›Gans‹ und ›ganz‹, sind dagegen nur aufgrund ihres optischen Erscheinungsbildes zu unterscheiden.

Basierend auf dem aktuellen Kenntnisstand, kann man heute davon ausgehen, daß der Mensch Sprache sowohl über die Lautgestalt eines Wortes als auch über die visuellen Zeichen- und Wortmerkmale erfaßt. Verdeckt man etwa wie in Abb. 39(a) die obere Hälfte einer Druckzeile, so bedarf es einer gewissen Anstrengung, um die enthaltenen Wörter zu identifizieren. Verdeckt man jedoch die untere Hälfte der Zeile wie in Abb. 39(b), liest man fast ebenso schnell, als wenn die ganze Zeile einsehbar wäre.

Abb. 39: Worterkennung beim Verdecken der oberen Hälfte (a) und der unteren Hälfte (b) eines Wortes

Daraus ergibt sich, daß das Auge die Wörter einer Zeile eher an den oberen Eigenschaften der Buchstaben erkennt (entschlüsselt). Dies erscheint plausibel, da insbesondere die zerfranzte obere Kante eines Wortes spezifische Merkmale aufweist.

Besonders oberzeilige Konsonanten scheinen eine wichtige Rolle spielen, da sie aufgrund ihrer Höhe alle anderen Buchstaben überragen. Unterzeilige Buchstaben fallen wahrscheinlich nur deshalb weniger ins Gewicht, weil sie zu selten vorkommen (32 pro 1000 Buchstaben). Auch Anfangs- und Endbuchstaben sind beim Erkennen wichtig.

Belegt wurden diese Versuche durch die Fixation des Mittelpunktes eines sinnlosen Wortes mit einer Länge von 20 Buchstaben. Dabei war es zum großen Teil möglich, den ersten und letzten Buchstaben zu erkennen, während die Buchstaben, die näher am Fixationspunkt liegen, nicht mehr erkennbar sind. Dieses Experiment kann man am Beispiel in Abb. 40 nachvollziehen, wenn man die dort dargestellte Buchstabenfolge bei der Pfeilspitze fixiert.

L j k e x f j i ü d g k b x n i m g h r

Abb. 40: Beispiel für die optische Dominanz des ersten und letzten Zeichens einer Folge. Der Pfeil gibt den Fixationspunkt an.

Erklären läßt sich dieses Phänomen durch die schärfere Abgrenzung des ersten und letzten Zeichens gegenüber dem Hintergrund, wodurch ihre gestaltspezifischen Eigenschaften besser zur Geltung kommen.

Vergleicht man die Bedeutung eines einzelnen Zeichens und die eines Wortes als Zeichenkombination für den Wahrnehmungsprozeß, so haben schon frühe Experimente gezeigt, daß einzelne Buchstaben schwerer lesbar sind als ein ganzes Wort. Nimmt man wiederum Wörter, die keine Sätze bilden, oder Buchstabenkombinationen, die keine Wörter bilden, so verdoppelt sich die erforderliche Lesezeit.

Daraus kann man folgern, daß es für das Erfassen von textueller Information überaus wichtig ist, die in einer Sprache verankerten Regeln über Wort- und Satzbau zu berücksichtigen. Die Tatsache, daß der Mensch etwa dreimal so viele Buchstaben erfassen kann, wenn sie Wörter bilden, als wenn dies nicht der Fall ist, belegt diese Folgerung. Man kann dabei zeigen, daß bereits die im Sehzentrum liegenden 4-5 Buchstaben ausreichen, um den Rest des Wortes oder des Satzteiles mühelos zu assoziieren oder sein Klangbild zu reproduzieren.

Häufig wiederkehrende Buchstabenserien spielen bei diesem Erinnerungsvermögen ebenfalls eine grundlegende Rolle. Sie werden eingeprägt und ihre Erinnerungsbilder in Verbindung mit ihren Klanglauten beim Auftreten in einem Text wieder aktiviert. Aufgrund von Untersuchungen spricht vieles dafür, daß in großem Umfang Buchstabenfolgen als optische Erinnerungsbilder im Gehirn abgelegt sind. Die Reproduktion der Klanglaute wird durch eine Serie von Buchstaben aktiviert und verbindet sie in analoger Weise mit prädikativen Zusammenhängen von Bedeutungen.

Diese Erkenntnisse sollen und können nur einen kleinen Einblick in die Komplexität der mit dem Leseprozeß verbundenen Aspekte und Zusammenhänge geben.

Bei der Aufgabe des automatischen Lesens kann nicht davon ausgegangen werden, daß der Computer in der Lage ist, das menschliche Leseverhalten in vergleichbarer Weise zu simulieren. Ein Computer besitzt nicht die Fähigkeit des Menschen, Sachverhalte aus verschiedenen Entfernungen, Lichtverhältnissen oder Perspektiven wahrnehmen zu können. Während vom biologischen visuellen System des Menschen Bilder stets als unteilbares Ganzes rezipiert werden, müssen technische Systeme jeden Bildpunkt separat erfassen und seine Lichtintensität und Farbe aufzeichnen (elektronisches Bild), um ihn zu verarbeiten. Alle weiterführenden Verfahren bauen auf dieser Repräsentation auf. Die Größe dieser Bildelemente ist dabei abhängig von der Auflösung, in der ein Quellbild mit einer Kamera oder einem Abtaster (Scanner) erfaßt wurde.

4.2 Grammatik und Vokabular

Kinder sind mit der Fähigkeit und der Energie geboren, eine Sprache zu erlernen, welche ihnen von Geburt an vertraut ist. In der späteren Kindheit haben sie das Basisvokabular der Muttersprache erworben, zusammen mit seiner phonologischen und grammatikalischen Struktur. Wie der Mensch eine Sprache erlernt, ist allerdings ebenso unklar wie der Prozeß des Lernens selbst. Möglicherweise gibt es verschiedenen Stufen des Lernens, auf welchen sich explizites Wissen, etwa in Form von Sprache, in intuitives wandelt.

Einerseits ist das kindliche Erlernen einer Sprache das Beobachten von Mustersätzen und Ausdrücken, die gehört und verstanden werden. Dies heißt, daß die Regeln einer Sprache, inbesondere die zugrundeliegende Grammatik, nur als intuitives Wissen vorhanden sind, bevor sie explizit gelernt werden. Andererseits bedeutet die Aneignung einer Fremdsprache i.a. das Erlernen von Vokabeln und explizitem Grammatikwissen. Sprechen und Verstehen einer Fremdsprache ist somit für alle Anfänger zunächst eine Simulation, bei der versucht wird, eine Abbildung zwischen der eigenen Muttersprache und allen neu erlernten Begriffen herzustellen. Je höher der Kenntnisstand einer Sprache dabei ist, umso mehr werden die Regeln ihrer Konstruktion verinnerlicht.

Wenn wir anderen im Gespräch zuhören oder ein Buch lesen, dann verstehen wir das Mitgeteilte nicht als Kontinuum, ohne irgendwelche Grenzen. Vielmehr begreifen wir das Mitgeteilte, indem wir es syntaktisch wie semantisch kategorisieren. Diese Kategorien erlauben es uns dann, begriffliche Assoziationen vorzunehmen und neue Gegenstände und Ereignisse ähnlicher Klassen solchen mit bekannten Eigenschaften zuzuordnen.

Um Sprache zu verstehen und umgekehrt sich mitteilen zu können, ist der Wortschatz von zentraler Bedeutung, wobei weniger die Quantität als die Qualität der bekannten Wörter ausschlaggebend ist. Der Wortschatz, den wir beim alltäglichen Kommunizieren verwenden, ist viel kleiner, als man erwarten würde. Im Englischen, beispielsweise, reichen etwa 3000 Wörtern aus, um 90% eines allgemeinen Textes zu erkennen. Bei gesprochener Sprache ist diese Menge noch wesentlich geringer. Hier reichen schon etwa 1000 Wörter aus, um 90% der Umgangssprache zu verifizieren. Das Verstehen der Computersprache wäre demnach einfach, falls Sprachverstehen ein bloßes Nachschlagen wäre. Das erforderliche Vokabular wäre aufgrund obiger Zahlen wohl sehr einfach auf Speichermedien der heutigen Kapazität zu verwalten. Daß das Verstehen einer Sprache jedoch weit mehr ist als das Zusammenfassen von individuellen Wortbedeutungen, soll im nächsten Abschnitt verdeutlicht werden.

4.3 Probleme beim Verarbeiten von Sprache

Wie schon oben bemerkt, können wir heute davon ausgehen, daß Sprachverständnis eine spezielle Form des Denkens ist. Dabei wird die beabsichtigte Mitteilung durch die Einbeziehung zahlreicher Wissensquellen wie des Satzzusammenhangs oder der Kenntnis über die Sprache sowie des Wissens über die Welt abgeleitet. Ein wesentliches Problem dabei ist die Mehrdeutigkeit, die jede Sprache kennzeichnet.

Betrachtet man nur einmal Wörter als isolierte Elemente ohne Zusammenhang im Satz, so ist oft schon nicht entscheidbar, was ein einzelnes Wort bedeutet. Beispielsweise kann das Wort ›*Montage*‹ bestimmte Wochentage bezeichnen oder aber die Tätigkeit des Montierens umschreiben. Andere Mehrdeutigkeiten tauchen in Verbindung mit Präpositionalphrasen auf, z.B. in der Aussage:

›*Ich beobachte den Mann mit dem Teleskop*‹.

Probleme entstehen auch in Verbindung mit Kompositionen, die vor allem in der deutschen Sprache eine wichtige Komponente sind und deren eindeutige Semantik sich erst aus dem Zusammenbau einzelner Wortteile ergibt, etwa ›Mädchen-handels-schule‹.

Eine große Rolle beim Sprachverstehen spielen auch die Betonung und der Kontext, in dem eine Aussage gemacht wird. Betrachtet man die folgenden Beispiele:

›*Heute abend habe ich Migräne*‹.
›*Heute abend werde ich Migräne haben*‹.

Die oberflächliche Bedeutung des ersten Satzes ist, daß der Sprecher sich krank fühlt, aber die tiefere Bedeutung kann eine Verweigerung sein, eine Verabredung einzuhalten oder sich in Gesellschaft zu begeben. Der zweite Satz wird, weil er die Krankheit voraussagt und dies normalerweise nicht möglich ist, als beleidigende Absage betrachtet.

Oft sind Sätze sogar in mehrerer Hinsicht doppeldeutig. Aber Menschen entschlüsseln sie mit einer solchen Selbstverständlichkeit, daß die Doppelsinnigkeit oft gar nicht bewußt wird. Der Satz:

›*... ein steter Tropfen höhlt den Stein*‹

wird i.a. nicht als unklar gesehen, weil die meisten Menschen darin die Aussage erkennen, daß Ausdauer zum Erfolg führen kann.

Menschen sind sich oft nicht bewußt, wieviel Allgemeinwissen notwendig ist, um einen einfachen Satz in der natürlichen Sprache zu verstehen. Dies führt zwangsläufig zu der Beschäftigung mit Intelligenz und macht die Verarbeitung von Sprache zu einem Schlüsselgebiet in der KI.

Wie wichtig Allgemeinwissen beim Verstehen von Sprache ist, soll am folgenden Beispiel noch einmal verdeutlicht werden:

›*Das Kind stieß sich sein Knie auf dem Pflaster*‹.

Um in den folgenden Sätzen die Bedeutung(en) hinter dem Wörtchen ›es‹ zu erkennen, benötigt man umfangreiche Kenntnis über die Vielfältigkeit von Objekten in der Welt.

›Es wurde blau und war geschwollen‹.
›Es war dem Ball nachgelaufen‹.
›Es war in einer verkehrsberuhigten Zone‹.
›Es hätte schlimmer kommen können‹.

Jede Verwendung des Artikels ›es‹ bezieht sich auf einen anderen Aspekt im Originalsatz. Das erste bezieht sich auf das Knie, da wir annehmen, daß das Knie verletzt wurde. Die zweite Verwendung des Artikels bezieht sich eindeutig auf das Kind, das in diesem Zusammenhang allein in der Lage war zu laufen. Das dritte ›es‹ bezieht sich auf die nähere Bezeichnung des Ortes und das vierte auf den gesamten Vorfall.

Ein noch verfeinertes Niveau von Begründungen wird benötigt, um Sätze zu verstehen, wie ›Ulrike wunderte sich, warum alle weniger als 50 fuhren‹. Für Menschen ist es i.a. offensichtlich, daß es sich bei der Zahl 50 um die Geschwindigkeitsangabe von 50 km/h handeln muß und daß es dabei um die zulässige Höchstgeschwindigkeit in geschlossenen Ortschaften gehen dürfte. Wir wissen auch, daß man bei überhöhter Geschwindigkeit einen Strafzettel bekommen kann, und da ein Strafzettel Zeit und Geld kostet, halten Autofahrer i.d.R. diese Geschwindigkeitsbegrenzung ein.

4.4 Maschinelle Analyse von Sprache

Ziel einer maschinellen Analyse von Sprache ist es, Theorien und Techniken zu entwickeln, die es einem Computer erlauben, Ausdrücken der gesprochenen und geschriebenen natürlichen Sprache eine Bedeutung zuzuweisen.

Erste Ansätze konzentrierten sich darauf, Übersetzungssysteme zu konstruieren, die anhand eines gespeicherten Lexikons wortweise aus dem Englischen ins Russische übersetzen sollten. Dieses Unterfangen war, wie die beiden letzten Abschnitte vermuten lassen, nicht besonders fruchtbar. Ein bekanntes Negativbeispiel aus der Literatur ist etwa der Satz:

›Der Geist ist willig, aber das Fleisch ist schwach‹

der, ins Russische übersetzt und wieder ins Englische zurückübersetzt, den folgenden Satz hervorbrachte:

›Der Wodka ist stark, aber das Steak ist billig‹

Um die Mitteilung eines Satzes zu bestimmen, bedarf es weitaus mehr, als nur die einzelnen Wörter und deren Bedeutung zu kennen. Dazu müssen sprachverstehende Systeme z.B. Vorstellungen und Wissen der an der Kommunikation teilnehmenden Personen modellieren können und die Fähigkeit besitzen, mit unvollständigem und teilweise inkonsistentem Wissen umzugehen.

Wenn die Antworten eines Computers vernünftig erscheinen, neigen Menschen dazu, dem Computer mehr Verständnis zuzuschreiben, als tatsächlich existiert. Diese Grundannahme war Ausgangspunkt für das von Joseph Weizenbaum entwickelte System ELIZA[10], mit dem man scheinbar Dialoge führen konnte. Das System übernahm dabei die Rolle eines Psychoanalytikers. Diese spezielle Rolle, die ELIZA zukam, war relativ einfach zu imitieren, da die Interviewtechnik den Patienten Antworten entlockt, die sich in den gestellten Fragen mehr oder weniger widerspiegeln. JOSEPH WEIZENBAUM gibt in seinem 1977 erschienenen Buch ›Die Macht der Computer und die Ohnmacht der Vernunft‹ folgendes Beispiel für einen Dialog mit ELIZA:

Benutzer: *›Männer sind alle gleich.‹*
ELIZA: *›Inwiefern?‹*
Benutzer: *›Sie machen uns immer wegen irgendwas verrückt.‹*
ELIZA: *›Können Sie ein Beispiel geben?‹*
Benutzer: *›Nun ja, mein Freund hat mich gedrängt, hierher zu kommen.‹*
ELIZA: *›Ihr Freund hat Sie gedrängt, hierher zu kommen?‹*
Benutzer: *›Er sagt, daß ich oft deprimiert bin.‹*
ELIZA: *›Es tut mir leid zu hören, daß Sie oft deprimiert sind.‹*
Benutzer: *›Ja wirklich, ich bin unglücklich.‹*
ELIZA: *›Glauben Sie, hierher zu kommen wird Ihnen helfen, nicht unglücklich zu sein?‹*
Benutzer: *›Jedenfalls brauche ich Hilfe, das ist sicher.‹*
ELIZA: *›Was würde es für Sie bedeuten, Hilfe zu bekommen?‹*
Benutzer: *›Vielleicht könnte ich besser mit meiner Mutter auskommen.‹*
ELIZA: *›Erzählen Sie mir mehr über ihre Familie.‹*

Benutzer: *›Mein Mutter erledigt immer alles für mich.‹*
ELIZA: *›Wer noch in Ihrer Familie erledigt immer alles für Sie?‹*
Benutzer: *›Mein Vater.‹*
ELIZA: *›Ihr Vater?‹*
Benutzer: *›Sie sind ein wenig wie mein Vater.‹*
ELIZA: *›Welche Ähnlichkeiten sehen Sie?‹*
Benutzer: *›Sie sind nicht sehr aggressiv, aber ich glaube, Sie möchten nicht, daß ich das beachte.‹ ... u.s.w.*

Man entdeckt schnell, daß die Dialogbeiträge des Systems an bestimmte Muster gekoppelt sind. ELIZA benutzt dazu ein gespeichertes Wörtersortiment, in Verbindung mit Regeln der Form:

if ... ›ich bin‹ X then ›Warum sind Sie‹ X

if ... ›mein <irgend_ein_familienmitglied> ist‹ X then ›Wer noch in ihrere Familie ist‹ X

if ... X <irgend_ein_familienmitglied> Y then ›Erzählen Sie mir mehr über Ihre Familie‹

if X then ›Können Sie mir eine Beispiel geben?‹

ELIZA versucht dabei stets, die speziellste seiner Regeln anzuwenden. Demzufolge führt der Satz *›Ich bin sehr traurig‹* zu der Antwort *›Warum sind Sie sehr traurig?‹*. Taucht die Bezeichnung eines Familienmitglieds wie *›Mutter‹* im Eingabesatz auf, so antwortet ELIZA mit *›Erzählen sie mir mehr über ihre Mutter‹*. Falls ELIZA keine Wortmuster finden kann, die mit gespeicherten Mustern übereinstimmen, so antwortet es mit doppelsinnigen Ausdrücken, die so aufgebaut sind, daß sie einer erneuten Eingabe neues Wissen entlocken sollen, z. B. *›Können Sie ein konkretes Beispiel geben?‹*.

Es ist einfach, bestimmte Merkmale mit einzubauen, so daß stereotypische Ausdrücke sich während eines Interviews nicht wiederholen, oder Ausdrücke aufs Geratewohl herzustellen, so daß die festen Muster, die den Antworten zugrunde liegen, direkt erkennbar sind.

ELIZA war so effektiv, daß Menschen das Programm sogar dann noch benutzten, um sich Rat zu holen, als ihnen gesagt wurde, daß das System in keiner Weise in der Lage war, irgend etwas von den Dialogen zu verstehen. Dies veranlaßte Weizenbaum, in seinem oben erwähnten Buch vor der Gefährlichkeit des ›Computers als unberechenbares Instrument‹ zu warnen.

4.5 Verarbeitung von Sprachsignalen

Abgesehen von den oben aufgezeigten Beispielen gibt es auch weitergehende Versuche, Systeme zu konstruieren, welche natürliche Sprache verstehen sollen, um sie maschinell zu nutzen. Im wesentlichen geht es dabei um die Frage, welche Art und Qualität von Möglichkeiten existieren, um geschriebene und gesprochene Symbole so zu manipulieren, daß sie wirklich verstanden werden können. Wann eine Sprache dabei als wirklich verstanden bezeichnet werden kann, ist eher eine philosophische Frage, die ich nicht weiter diskutieren möchte. In diesem Zusammenhang kann man sich noch einmal das im ersten Kapitel dieses Buches beschriebene Beispiel des ›chinesischen Zimmers‹ vor Augen führen.

Um Symbole zu manipulieren, braucht man in erster Linie umfangreiches Wissen. Daß dies bei der Verarbeitung von natürlicher Sprache in besonderem Maße gilt, dürfte an den Beispielen der letzten Abschnitte deutlich geworden sein. Wissen fließt in alle Phasen der Verarbeitung ein. In den ersten Phasen werden die Signaldaten so weit aufgearbeitet, daß sie als ASCII-Code[11] elektronisch zur Verfügung stehen. Diese Vorverarbeitung umfaßt:

- Signalanalyse und Segmentierung sowie
- lexikalische und morphologische Analyse.

Abb. 41 gibt einen Überblick über die Phasen der Vorverarbeitung bei geschriebener sowie gesprochener natürlicher Sprache und zeigt entsprechende Ein- und Ausgaben der Phasen auf.

Bei der Signalanalyse muß man zwischen zwei völlig verschiedenen Daten unterscheiden: visuelle Daten und akustische Daten.

Beim optischen Erfassung von Text stützt man sich im wesentlichen auf Verfahren, die auch in der Kopiertechnik ihre Verwendung finden. Das zu erfassende Dokument wird mit einem Zeilenabtaster (Scanner) in eine gerasterte Form gebracht. Diese Form, bei der man jeden Rasterpunkt als *Pixel* (Kurzform von engl. picture element = Bildelement) bezeichnet, wird als Matrix im Speicher abgelegt.

Dadurch wird theoretisch der Vorgang des Kopierens ersetzbar, denn die gespeicherte Bildmatrix kann jederzeit, z.B. mit Hilfe eines Laserdruckers, wieder in Papierform gebracht werden. Von großer Wichtigkeit ist dabei das Auflösungsvermögen des Abtasters. Denn je kleiner die Zeichen des Textes sind, desto wichtiger

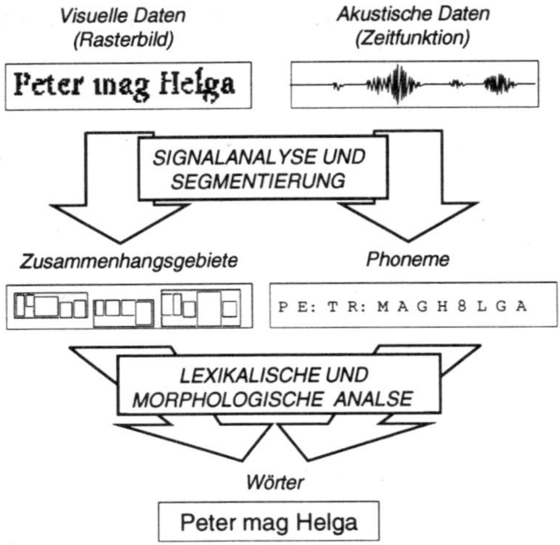

Abb. 41: Phasen der Vorverarbeitung natürlicher Sprache

ist es, eine möglichst große Abtastdichte der Pixel zu haben, um die später wichtigen kennzeichnenden Bildmerkmale der Einzelzeichen extrahieren zu können.

Ausgehend vom Rasterbild eines Textes, werden alle Pixel in *Zusammenhangsgebiete* aufgeteilt. Unter einem Zusammenhangsgebiet versteht man dabei eine Menge sich berührender schwarzer Pixel vor weißem Hintergrund. In Textbildern sind dies i.d.R. Einzelzeichen wie Buchstaben oder Ziffern. In manchen Fällen gilt dies jedoch nicht, was dann zu Problemen führt:

- Einzelzeichen, etwa ›i‹, ›j‹ oder ›ä‹, bestehen aus zwei Zusammenhangsgebieten oder zerfallen in mehrere Teile, wie z.B. die im Rasterbild in Abb. 41 in zwei Bruchstücke zerfallenen Buchstaben ›P‹ und ›m‹.
- Benachbarte Zeichenbilder ›verkleben‹ miteinander, z.B. die im Rasterbild des Beispiels in Abb. 41 verklebten Einzelzeichen ›et‹ und ›lg‹.

Jedes entstehende Zusammenhangsgebiet kann, wie in Abb. 41 dargestellt, durch sein umschreibendes Rechteck repräsentiert werden. Aus diesen Rechtecken lassen sich im günstigsten Fall über Abstandsmaße Wort- und Zeilenbilder ermitteln. Diesen Vorgang bezeichnet man als *Segmentierung* und die ineinandergeschachtelten entstehenden Zeichen-, Wort- und Zeilenbilder als *Segmente.*

Zeilen- und Wortsegmente sind Eingaben für die Texterkennung, welche mit Hilfe von lexikalischem Wissen – also Wörterbüchern – den entsprechenden ASCII-Code in Form von bekannten Wörtern ermitteln soll. Dies ist keine triviale Aufgabe, denn die erkannten Zeichenhypothesen lassen aufgrund ihrer Kombinationsmöglichkeit oft mehrere Wortkandidaten zu (vgl. Abb. 42).

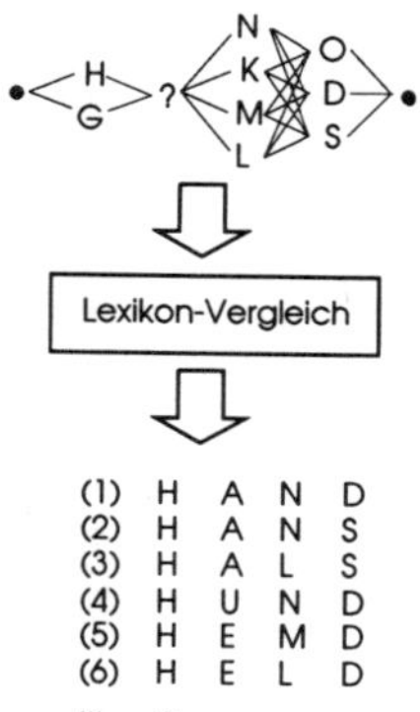

Abb. 42: Mehrdeutigkeit in der Texterkennung

An dieser Stelle wird die Problematik der Sprachverarbeitung schon deutlich. Die Mehrdeutigkeiten und Unvollständigkeiten in der zu bearbeitenden Information beginnen bereits in den frühen Phasen und pflanzen sich über alle nachfolgenden fort. Die Komplexität der Aufgaben eines Computers wächst damit ständig an.

Bei gesprochener Sprache taucht das Problem der Bestimmung einzelner Wörtern ebenfalls, jedoch in anderer Form auf. Wenn Menschen fließend sprechen, verbinden sie die Lautfolgen der einzelnen Wörter miteinander, so daß es für Nichtsprachkundige oft schwer ist, die Wortgrenzen zu lokalisieren. Das Zerteilen von Wörtern nennt man auch hier *Segmentierung*, und ein Computer, der darauf abgestellt ist, gesprochene Sprache zu verstehen, muß mit Richtlinien ausgestattet sein, die beinhalten, wie man Wörter teilt. Dabei kommt es zu Problemen phonologischer Natur, welche bei gesprochener Sprache durch Angleichung bzw. Auslassung von

Lauten entstehen. So können auch hier die Eingabedaten unvollständig sein, so daß sie, wie bei fragmentarischem Text, anhand eines Lexikons vervollständigt werden müssen.

4.6 Verstehen natürlicher Sprache

4.6.1 Phasen der Verarbeitung

Die Wortkandidaten, die dann letztendlich gefunden werden, bilden die Ausgangsbasis für die traditionellen Phasen der maschinellen Sprachverarbeitung in der KI (vgl. Abb. 43):

- syntaktische Analyse,
- semantische Analyse,
- pragmatische Analyse.

Unter der *Syntax* einer Sprache werden sowohl die Buchstaben eines Alphabetes und die daraus entstehenden Wörter verstanden als auch die Regeln ihrer Kombination zu vollständigen Sätzen und Texten. Dies setzt die Kenntnis über ein Lexikon voraus[12].

Die Syntax einer Sprache läßt sich durch Verwendung von Führungsregeln beschreiben, die angeben, wie einzelne Wörter zu sinnvollen Phrasen und Sätzen kombiniert werden können. Dazu verwendet man i.d.R. eine *Grammatik*. Eine Grammatik sieht beispielsweise wie folgt aus:

Regel 1:	*S*	→	*NP + VP*
Regel 2:	*NP*	→	*Art + Adj + N*
Regel 3:	*NP*	→	*EN*
Regel 4:	*NP*	→	*N*
Regel 5:	*NP*	→	*Pr*
Regel 6:	*VP*	→	*V + NP*
Regel 7:	*VP*	→	*V*
Regel 8:	*Pr*	→	*(ich, du, ...)*
Regel 9:	*V*	→	*(ißt, reibt, platzt, mag, lacht, ...)*
Regel 10:	*EN*	→	*(Peter, Helga, ...)*
Regel 11:	*Art*	→	*(der, die, das, ...)*
Regel 12:	*Adj*	→	*(duftige, farbige, ...)*
Regel 13:	*N*	→	*(Teleskop, Liebe, ...)*

Alle Abkürzungen entsprechen Klassen von Bestandteilen eines regulären Satzes. *S* steht für Satz, *NP* für Nominalphrase, *VP* für Verbalphrase, *Art* für Artikel, *Adj* für Adjektiv, *N* für Nomen, *EN* für Eigenname, *Pr* für Pronomen und *V* für Verb. Mit Hilfe dieser Grammatik läßt sich auch der Beispielsatz in Abb. 41 beschreiben.

Die Syntax einer Sprache repräsentiert die am besten erforschte und verstandene Komponente der maschinellen Sprachverarbeitung, jedoch reicht eine Grammatik allein noch nicht zum Verständnis eines Satzes oder eines ganzen Textes aus. Dies liegt darin

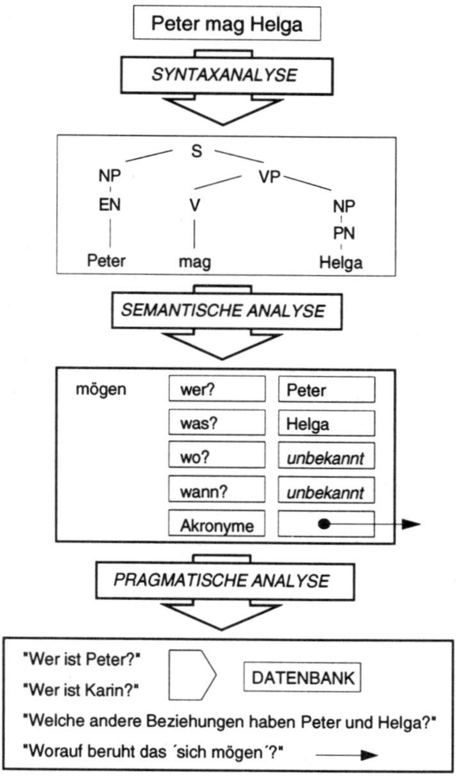

Abb. 43: Phasen der maschinellen Sprachverarbeitung: syntaktische Analyse, semantische Analyse, pragmatische Analyse

begründet, daß man auch Phrasen und Sätze bilden kann, die zwar den Konstruktionsregeln der Sprache genügen, jedoch keinerlei Sinn ergeben. Aus obiger Beispielgrammatik beispielsweise ließen sich folgende syntaktisch sinnlose Phrasen bilden:

›Hans ißt Liebe‹
›Der luftleere Hammer reibt das duftige Licht‹
›Du platzt der farbigen Wolke‹

Bei der *syntaktischen Analyse* von Sprache geht es also darum, einen Eingabesatz dahingehend zu untersuchen, ob er den Kombinationsregeln einer Sprache genügt. Um die formale Korrektheit eines Eingabesatzes zu verifizieren, wird dieser unter Anwendung der Syntaxregeln schrittweise in Teilziele unterteilt, und zwar so lange, bis alle Teilziele durch Eingabedaten erreicht sind. Diesen Vorgang der strukturellen Analyse eines Satzes nennt man *Parsing*.

4.6.2 Syntaxbäume

Die bekannteste Darstellungsform, die bei der syntaktischen Analyse eingesetzt wird, ist der *Syntaxbaum* (engl. *parse tree*). Ein Beispiel für einen Syntaxbaum für die zweite oben angegebene Beispielphrase wird in Abb. 44 gezeigt.

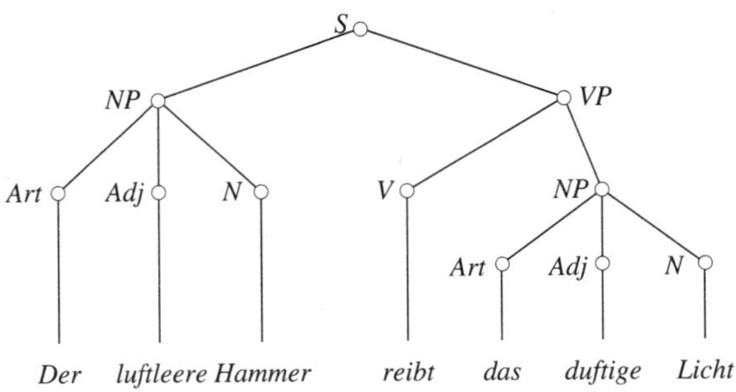

Abb. 44: Syntaxbaum des Satzes *›Der luftleere Hammer reibt das duftige Licht‹*

Ein Syntaxbaum veranschaulicht die Zusammensetzung eines Satzes oder einer Phrase. Das Satzbeispiel in Abb. 44 setzt sich aus einer Nominalphrase und einer Verbalphrase zusammen. Die Nominalphrase setzt sich aus dem Artikel ›*Der*‹, einem Adjektiv ›*luftleere*‹ und einem Nomen ›*Hammer*‹ zusammen, während die Verbalphrase aus einem Verb ›*reibt*‹ und einer weiteren Nominalphrase besteht.

4.6.3 Übergangsnetzwerke

Ein verbreiteter Formalismus, um die Syntax von Sprache zu *parsen*, sind *Übergangsnetzwerke* (engl. *transition networks*). Dieser Formalismus, der einer graphischen Darstellung für Syntaxregeln entspricht, erlaubt, die Komplexität einer Grammatik leichter zu erfassen. In Abb. 45 sind die ersten sieben Regeln der oben beschriebenen Beispielgrammatik als Übergangsnetze dargestellt.

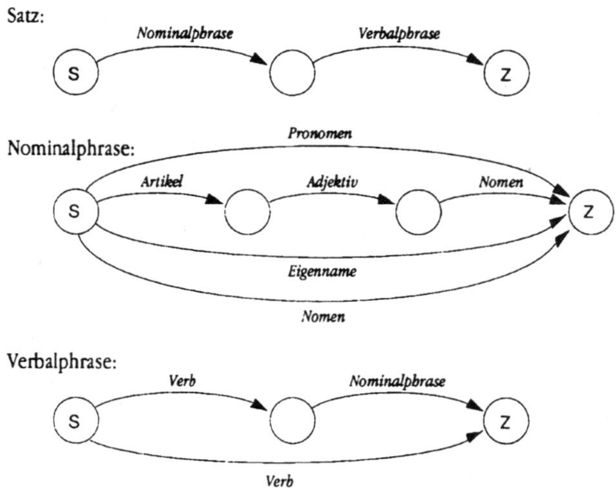

Abb. 45: Definition einer einfachen Grammatik als Übergangsnetzwerke

Für jedes Symbol, das in der vorne beschriebenen Grammatik links vom Pfeil steht, existiert ein Übergangsnetzwerk. Die Kanten zwischen den Knoten sind mit Elementen der Grammatik markiert. Ein Weg von einem Startknoten S zu einem Zielknoten Z entspricht genau einer der Regeln in der Grammatik. An den Beispielen in Abb. 45 ist ersichtlich, daß die Markierungen an den Kanten, etwa beim dritten Übergangsnetzwerk, die Betrachtung anderer Regeln bedingen.

Das Parsen eines Eingabesatzes bedeutet letztendlich, genau einen Weg vom Startknoten des Übergangsnetzwerks bis zu dessen Zielknoten zu finden. Dabei bestimmen die Markierungen an den Kanten den Zugriff auf andere Netzwerke. Beispielsweise ist in Abb. 46 die Abarbeitung des sehr einfachen Eingabesatzes ›Peter lacht‹ aufgezeigt.

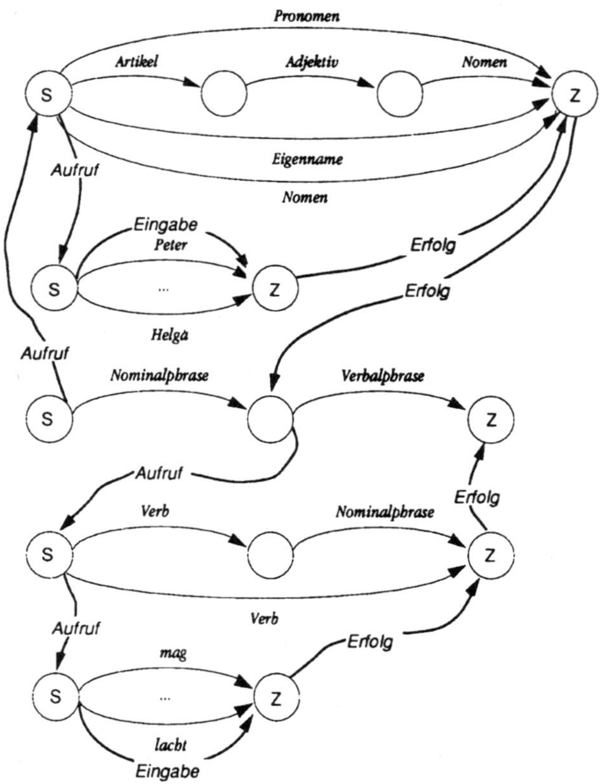

Abb. 46: Beispiel für den Ablauf des Parsens von Übergangsnetzwerken

Eine andere Möglichkeit, eine Grammatik abzuarbeiten, bietet sich durch die Verwendung von Hornklauseln an. Wenn man die in Abschnitt 2.4.1 beschriebene Notation von Hornklauseln betrachtet, so weist diese große Ähnlichkeit zu den Regeln der oben angegebenen Grammatik auf. Somit ist man in der Lage, durch Nutzung eines entsprechenden PROLOG-Systems die Regeln der Grammatik in Hornklauselform durch *Rückwärtsverkettung* zu parsen.

Damit jedoch semantisch unsinnige Phrasen, welche syntaktisch korrekt sind, erkannt oder letztendlich der Sinn eines Satzes gedeutet werden kann, werden nach der syntaktischen Verarbeitung eines Eingabesatzes eine *semantische* und eine *pragmatische Analyse* durchgeführt.

Da eine pragmatische Analyse von natürlicher Sprache mittels Computer aufgrund der schon erwähnten Schwierigkeiten in Verbindung mit der Modellierung von Allgemeinwissen mehr als schwierig ist, möchte ich im Rest dieses Kapitels ausschließlich den Begiff der Semantik diskutieren und auf einige der wichtigsten Techniken eingehen, die in Verbindung mit einer semantischen Analyse grundlegend sind.

Die Semantik eines Wortes besteht zunächst aus den Bedeutungen, die im Lexikon mit dem Wort abgespeichert sind (Lexikonsemantik). Dazu können auch grammatikalische und semantische Kategorien wie *Substantiv*, *belebtes Wesen* oder *Fahrzeug* gehören. Alle diese Kategorien sollen hier unter der Bezeichnung *schwache Semantik* subsumiert werden. Für die Repräsentation solcher Kategorien eignen sich im besonderen Maße *Rahmen*, wie sie in Abschnitt 2.4 beschrieben sind.

Eine *starke Semantik* erhält ein Wort erst aus dem Zusammenhang mit anderen Wörtern im Satz (Satzkontext-Semantik) oder sogar im gesamten Text (Textkontext-Semantik). Dies wird klar, wenn man noch einmal die Beispiele in Abschnitt 4.3 betrachtet.

Wenn Menschen sich unterhalten oder einen Text lesen, so ist immer der gesamte Kontext wichtig. Dies verlangt von einem sprachverstehenden System die Anwendung von Methoden und Tests, welche alle Strukturen der Syntax mit unsinniger Bedeutung herausfiltern. Ziel dieser Aktion ist die Gewinnung einer Tiefenstruktur der Sprache, also einer Repräsentation der semantischen Struktur einer Phrase, die verschieden ist von der syntaktischen Struktur. Damit ist man in der Lage, die Sinnlosigkeit von syntaktisch korrekten Sätzen aufzulösen. Die semantische Auflösung des Beispiels

›Rainer ißt Liebe‹

ergibt die Aktion ›essen‹ und als deren Objekt ›Liebe‹, was einen logischen Fehler bedeutet, da man etwas Abstraktes wie ›Liebe‹ nicht verzehren kann. Der Satz

›Rainer ißt Salat‹

weist die gleiche syntaktische Struktur auf, ist aber zudem auch semantisch korrekt. Üblicherweise liefert die Satzkontext-Semantik allein keine eindeutige semantische Struktur. Der Satz

›Ich beobachte den Mann mit dem Teleskop‹

kann beispielsweise nicht eindeutig aufgelöst werden, ohne den Textkontext einzubeziehen.

Die Bedeutung der Sprache zu verstehen, ist in der maschinellen Sprachverarbeitung an die Fähigkeit gekoppelt, eine Aussage in natürlicher Sprache in eine Repräsentationsform zu transformieren, die dann mit anderen Objekten oder Ereignissen der Welt in Beziehung gesetzt werden kann.

4.6.4 Conceptual-Dependency-Strukturen

In vielen Fällen werden dazu *Conceptual-Dependency-Strukturen* verwendet, die Roger Shank zu Beginn der siebziger Jahre einführte, oder aus ihnen weiterentwickelte Formalismen. Die Theorie der Concepual Dependency basiert auf folgenden Voraussetzungen:

- Haben zwei Sätze die gleiche Bedeutung, so sollten sie auch in gleicher Weise repräsentiert werden, ohne die jeweils verwendeten Wörter zu betrachten.
- Jegliche Informationen, die von der expliziten Aussage abgeleitet werden können, sollten in der Repräsentation enthalten sein.

Die erste Vorasussetzung verlangt also, daß unterschiedliche Wörter, welche in einem bestimmten Kontext die gleiche Bedeutung haben, als solche erkannt und dadurch in derselben Weise repräsentiert werden. Zur Erfüllung der zweiten Voraussetztung muß ein Schlußfolgerungsmechanismus vorhanden sein, der aus der expliziten Aussage implizites Wissen inferieren kann.

Shank verwendet dazu ein Vokabular, bestehend aus:

- einer Menge von Primitiven, die als Grundbausteine begrifflicher Abhängigkeiten anzusehen sind,
- einer Menge von Zuständen, um Voraussetzungen und Ereignisse von Aktionen darzustellen, sowie
- einer Menge von Abhängigkeiten (engl. *dependencies*), die zwischen Primitiven, Zuständen oder Objekten bestehen können.

Die Menge der Primitiven besteht aus ca. zehn bis zwölf Elementen, wobei jedes einen bestimmten Aktionstyp verkörpert. Dazu gehören:

MTRANS – Tätigkeiten, zu denen ein Transfer von Gedankeninhalten stattfindet, z.B. schreiben, lesen, erzählen

PTRANS – Tätigkeiten, die einen Transfer von Subjekten bedingen, z.B. fahren, laufen, fliegen

ATRANS – Tätigkeiten, welche die Übertragung von Besitzgegenständen oder die Kontrolle über ein Objekt betreffen, z.B. kaufen, verkaufen, geben, nehmen

ATTEND – Wahrnehmungsfähigkeiten, z.B. sehen, hören, riechen, schmecken

GRASP – das Greifen eines Objektes

PROPEL – die Anwendung physikalischer Kraft auf ein Objekt, z.B. schieben, drücken, quetschen

MOVE – das Bewegen eines Körperteils, z.B. treten, drehen

SPEAK – das Erzeugen eines Lautes, z.B. sprechen, schreien

MBUILD – Tätigkeiten, die mental neue Information erzeugen, z.B. eine Idee haben, schlußfolgern, entscheiden

INGEST – die Aufnahme eines Objektes (z.B. Nahrung, Wasser, Luft) durch ein Lebewesen

EXPEL – die Abgabe eines Objektes durch ein Lebewesen

Jedes dieser Aktionsprimitive wird mit einer Menge von Variablen, also leeren Fächern, verbunden, die Erwartungen an die Bedeutung von Sätzen stellen. Beispielsweise erwartet man nach dem Satzfragment ›*Rainer ißt ...*‹ ein Wort für die zu sich genommene Nahrung. Für das Primitiv PTRANS sind beispielsweise folgende Fächer von Bedeutung:

- ACTOR: ein Mensch (oder bewegtes Objekt), das PTRANS ausführt
- OBJECT: ein physikalisches Objekt, auf das PTRANS ausgeführt wird
- FROM: ein Ort, an dem PTRANS beginnt
- TO: ein Ort, an dem PTRANS endet

Conceptual-Dependency-Primitive können, ähnlich wie Übergangsnetzwerke, graphisch dargestellt werden (vgl. Abb. 47).

Jedes der graphischen Symbole repräsentiert die Relationen, welche zwischen Aktionen, Objekten oder Ereignissen bestehen. Sie entsprechen einer Art Regelwerk und bilden die Basis für die Beschreibung eines Eingabesatzes. In dem von Shank in der Zeitschrift ›Artificial Intelligence‹ 1974 erschienenen Artikel sind alle graphische Symbole der Relationen beschrieben.

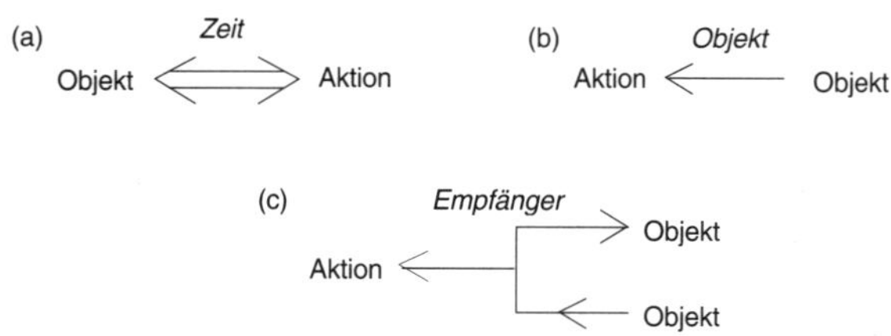

Abb. 47: Beispiele für graphische Elemente zur Darstellung von Conceptual-Dependency-Relationen.

Die in Abb. 47 (a) - (c) beschriebenen Symbole drücken aus:

(a) einen agierenden ACTOR,
(b) das Objekt einer Aktion,
(c) den Überreichenden und Empfangenden eines Objektes bei der Aktion.

Jedes Aktionsprimitiv verwendet eine Teilmenge dieser Symbole, um die Bedeutung natürlichsprachiger Aussagen zu repräsentieren. Abb. 48 zeigt die graphische Darstellung der Sätze:

(a) ›*Frank tauschte sein Fahrrad mit Rainer*‹ und
(b) ›*Rainer nahm das Fahrrad von Frank*‹.

Man erkennt, daß, obwohl syntaktisch völlig verschieden, beide Sätze identisch repräsentiert werden. Trotz der Verwendung unterschiedlicher Verben, drücken beide Sätze die Proposition aus, daß ein Fahrrad von Frank an Rainer transferiert wurde. Man kann auch weiter schlußfolgern, daß Frank das Fahrrad hatte, bevor und Rainer nachdem die Aktion stattgefunden hat. Der einzige Unterschied besteht beim ACTOR, der im ersten Satz ›Frank‹ und im zweiten ›Rainer‹ ist.

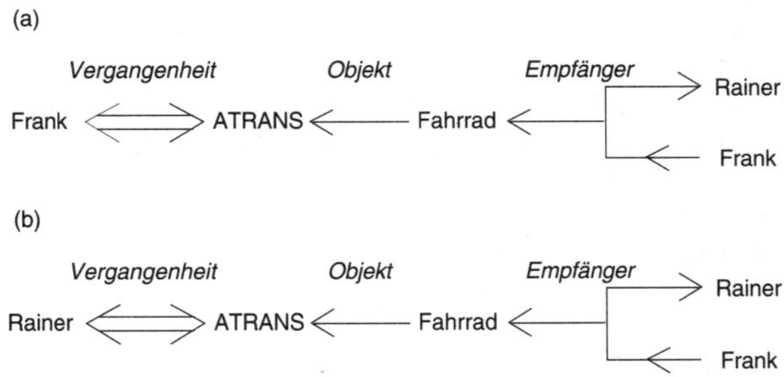

Abb. 48: Conceptual-Dependency-Strukturen der Aussagen: ›Frank gab Frank ein Fahrrad‹ (a) und ›Rainer bekam ein Fahrrad von Frank‹ (b)

Entsprechend können Regeln definiert werden, welche es erlauben, Schlußfolgerungen über Primitive zu ziehen. Beispielsweise kann auf PTRANS die Regel angewendet werden, daß das Objekt, welches transferiert wurde, sich vor dem Vorgang am durch FROM bezeichneten Ort befand und sich danach an dem Ort befindet, der durch TO bezeichnet ist.

Aus dieser Beschreibung wird deutlich, daß Conceptual-Dependency-Strukturen die Trennung von Syntax und Semantik der Sprache vollständig aufheben, was nicht ganz unproblematisch ist. Jedoch begründet Shank seinen Ansatz mit dem Anspruch, nicht nur einen Formalismus zur Wissensrepräsentation sprachlicher Aussagen entwickelt zu haben, sondern darüber hinaus auch ein kognitives Modell, das zudem das Problem der Mehrdeutigkeit von Eingabesätzen deutlich vermindert.

Es ist an dieser Stelle wichtig zu erwähnen, daß die traditionelle Auffassung, Bedeutungsinhalte aus Aussagen ›von unten nach oben‹ (engl. *bottom-up*) zu erschließen, heute mehr und mehr von der Meinung verdrängt wird, Sätze ›von oben nach unten‹ (engl. *top-down*) zu ergründen. Dies bedeutet, daß man nicht mehr den alleinigen Weg vom einzelnen Wort über die Satzbedeutung hin zu globalem Verstehen geht, sondern daß man annimmt, daß der Verstehensprozeß sehr stark von Schlüsselreizen beeinflußt wird, die in unserem Gehirn Erwartungshaltungen erzeugen.

4.6.5 Drehbücher (Scripts)

Diesen Grundsatz verfolgte Shank mit der Einführung von *Drehbüchern* (engl. *Scripts*). Drehbücher sind eine spezielle Form von Rahmen, die eine Folge von Szenen (engl. *scenes*) beschreiben. Drehbücher sind deshalb von überaus großem Nutzwert, weil sie schwer beschreibbare, komplexe Ereignisse, z.B. ›ins Restaurant zum Essen gehen‹ oder ›eine Sportveranstaltung besuchen‹ oder ›eine Party geben‹, repräsentieren können.

Ein komplexes Ereignis wird mittels Drehbücher in eine Liste von Teilereignissen unterteilt, welche selbst wiederum durch neue Drehbücher, durch Rahmen oder insbesondere mit Hilfe von Conceptual-Dependency-Strukturen beschrieben sein können.

Betrachtet man folgende kurze Beschreibung:

> *›Holger lud seine Freundin zum Essen ein. Sie gingen in ein Restaurant und anschließend ins Kino.‹*

Obwohl diese Episode keinerlei Aussage darüber macht, daß Holger mit seiner Freundin in dem Restaurant auch etwas gegessen hat, würden die meisten Menschen annehmen, daß dies der Fall war. Genau nach diesem Prinzip arbeiten Drehbücher, indem sie in die Lage versetzt werden, solche vernünftig erscheinenden Schlußfolgerungen durchzuführen. Drehbücher enthalten eine Sammlung von Erwartungen, welche Menschen i.a. mit konkreten Aktionen verknüpfen, und führen nach dem Erkennen einer entsprechenden Semantik in einem Eingabesatz die korrespondierenden Schlußfolgerungen durch. Das folgende Beispiel in Abb. 49 beschreibt die Erwartungen an einen Restaurantbesuch:

Script: RESTAURANTBESUCH

Scene: EINTRETEN

Gehe ins Restaurant.
Schau Dich nach einem Platz um.
Entscheide wo Du sitzen möchtest.
Setz Dich an den Tisch

Scene: BESTELLUNG

Nimm die Menükarte.
Wähle ein Gericht aus.
Wähle ein Getränk aus.
Rufe den Kellner.
...

Scene: ESSEN

...

Scene: BEZAHLEN

...

Abb. 49: Vereinfachtes Beispiel des Drehbuches ›RESTAURANTBESUCH‹

Drehbücher sind bereits in zahlreichen Systemen zum Einsatz gekommen. Beispielsweise wurden sie von Gerald de Jong eingesetzt, um Nachrichten der US-Agentur United Press zusammenzufassen. De Jong modellierte mit Hilfe von Drehbüchern wichtige Ereignisse über Verkehrsunfälle, Naturkatastropen oder Staatsbesuche. Ein anderes Einsatzgebiet, welches wir am Deutschen Forschungszentrum für Künstliche Intelligenz (DFKI) betrachtet haben, waren Mitteilungen in Geschäftspost, z.B. Angebot, Rechnung, Bestellung, Mahnung usw., die wir mit Hilfe von Drehbüchern aus gedruckten Briefen herausfiltern.

5. Kapitel: Künstliche Neuronale Netze

Die Leistungsfähigkeit des menschlichen Gehirns fasziniert den Menschen seit dem Altertum und treibt ihn in dem Bestreben an, seine Funktionsweise zu verstehen und seine intellektuellen Fähigkeiten künstlich nachzubilden.

Während der symbolische Ansatz der KI sowohl eine Begriffswelt als auch ein Ausführungsmodell zur Verfügung stellt, deren ›regelbasierte‹ Beschreibung eines Problems mit Hilfe von Schlußfolgerungen erweitert wird, versucht man, mit Hilfe von *Künstlichen Neuronalen Netzen* die Modellierung menschlicher Denkprozesse am biologischen Vorbild Gehirn zu orientieren. Eine vollständige Nachbildung für die subsymbolische Informationsverarbeitung ist jedoch aufgrund der Größe und Komplexität des Originals nicht möglich. Die Modellbildung wird daher auf der Basis einer extrem vereinfachten Abstraktion des physiologischen Aufbaus des Gehirns durchgeführt. Diese Modelle werden als Künstliche Neuronale Netze (KNN) bezeichnet. Die entsprechende Forschungsdisziplin nennt man *Konnektionismus*.

Bevor ich jedoch im einzelnen auf die grundlegenden Prinzipien des Konnektionismus eingehe, will ich zunächst einen kurzen Überblick über den Aufbau des menschlichen Gehirns geben.

5.1 Das Gehirn und seine Elemente

Zwar kennt man heute Einzelteile und Funktionsbereiche des Gehirns, jedoch versteht man nur sehr wenig von der Funktion und dem Zweck der Gesamtheit. Abb. 50 zeigt das menschliche Gehirn mit seinen Funktionsbereichen. Das menschliche Gehirn wiegt durchschnittlich 1.5 kg und besteht aus etwa 100 Milliarden Nervenzellen, den *Neuronen*. Der Zellkörper eines Neurons hat einen Durchmesser von 5 bis 100 Tausendstel Millimeter.

Das Gehirn läßt sich grob in drei Arten von Neuronen gliedern:

- *Eingangselemente*: Gruppen von Rezeptoren, die von außen auf den Organismus einwirkende Reize in elektrische Signale umsetzen;

- *Ausgangselemente*: motorische Nervenzellen, die ihre Informationen an Drüsen, Muskeln und andere Zellen weiterleiten;
- *Zwischenschicht*: der wichtigste und am wenigsten erforschte Bereich des Gehirns, wo die eigentliche Informationsverarbeitung stattfindet.

Auf der Eingangsseite kann der Mensch Informationen aus seiner Umwelt empfangen und mit der Ausgangsseite entsprechend darauf reagieren. Zwischen diesen beiden Schichten spielt sich alles ab, was die intellektuelle Fähigkeit des Menschen ausmacht: Wahrnehmung, Emotionen, Gedächtnis, Gedanken usw. Die Aufgabe besteht vor allem darin, aus den eingehenden Signalen alle wichtigen Informationen herauszufiltern. Die Rezeptoren reagieren am empfindlichsten auf den Beginn oder das Ende eines Reizes, am wichtigsten sind also die Informationen über Veränderungen.

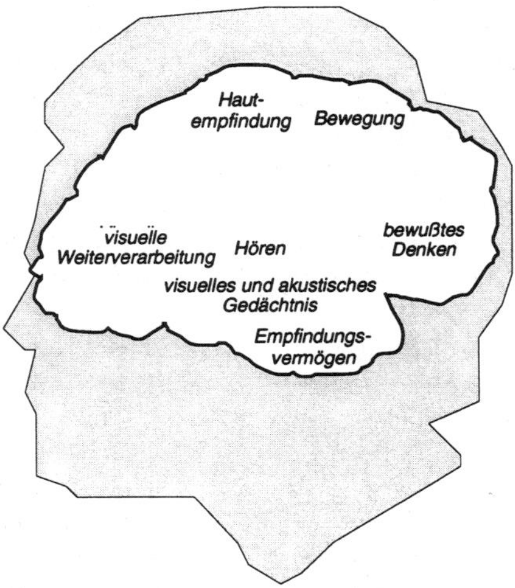

Abb. 50: Funktionsbereiche des menschlichen Gehirns

Das visuelle System gehört zu den am besten untersuchten Strukturen des Gehirns. Bewegungen, Kontraste sowie lineare Strukturen spielen beim Sehen eine wichtige Rolle (vgl. Abschnitt 4.1). Heute ist man in der Lage, Informationen aus den lichtempfindlichen Zellen der Netzhaut über sechs bis sieben Stationen im Sehbereich der Hirnrinde zu verfolgen. Trotzdem ist immer noch nicht bekannt, wie Gegenstände wahrgenommen oder erkannt werden.

Während die Anatomie des Gehirns recht gut bekannt ist, fehlt der Forschung heute noch immer die Kenntnis über die funktionalen Zusammenhänge. Wissen als Verständnis der höheren Funktionen des menschlichen Gehirns, wie beispielsweise über die Prozesse des Lernens oder der Gedächtnisbildung, ist kaum vorhanden.

Heute nimmt man an, daß das Gehirn eine Art mustererkennendes System darstellt, wobei die gespeicherten Muster die Gedächtnisinhalte bilden. Einzeleindrücke und Teilelemente werden im Gehirn – oder vielmehr im Gedächtnis – miteinander verknüpft, wenn sie einigermaßen simultan eintreffen. Solche gleichzeitig assoziierten Elemente bilden die Muster, die gespeichert werden. Beispielsweise sind die charakteristischen Gesichtszüge eines Bekannten nicht einzeln, sondern als Ganzes gespeichert. Andererseits ist es für unser Gedächtnis charakteristisch, daß nur Teilaspekte eines gespeicherten Musters angeregt werden müssen, um es zu einem Ganzen zu vervollständigen oder um Assoziationen zu wecken (vgl. Abb. 39, Abschnitt 4.1).

5.2 Nervenzellen des Gehirns

Die Neuronen sind die Grundbausteine des Gehirns. Sie besitzen alle die gleichen Gene, sind nach demselben Prinzip aufgebaut und leben nach denselben biochemischen Prozessen wie alle Zellen des Körpers. Es gibt jedoch einige markante Unterscheidungsmerkmale, welche die Zellform, die Zellmembran und andere Zellteile betreffen. Ein weiterer Unterschied ist, daß sich Nervenzellen nach Abschluß der embryonalen Entwicklung nicht mehr teilen oder vermehren. Keine zwei Nervenzellen haben genau die gleiche Form, d.h., jedes einzelne ist ein Unikat. Wenn man ein Neuron vergrößert, so kann man seinen vereinfachten Aufbau skizzieren (vgl. Abb. 51).

Ein Neuron besteht aus einem Zellkörper, der eine Anzahl vorstehender Ausläufer, die *Dendriten,* besitzt. Dendriten sind dünne, röhrenförmige, sehr stark verästelte Fortsätze des Zellkörpers, in denen ankommende Signale von anderen Nervenzellen aufgenommen werden.

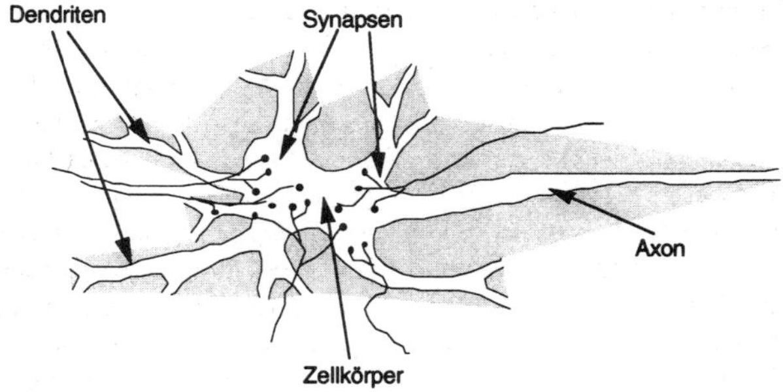

Abb. 51: Schematischer Aufbau eines Neurons

Das Nervensignal in der Zelle ist elektrischer Natur. Wenn bei einem Neuron eingehende Impulse eine ›Erregung‹ verursachen, also das *Membranpotential* in der Zelle so weit erhöhen, daß ein bestimmter *Schwellwert* überschritten wird, dann ›feuert‹ das Neuron einen Impuls (engl. *spike*) über eine Ausgangsverbindung – ein *Axon* – ab. Spezifische Kontaktstellen, die *Synapsen,* übertragen den Impuls an nachgeschaltete Neuronen.

Synapsen können sowohl negativ (inhibitorisch) als auch positiv (exitatorisch) auf ein Neuron wirken. Eine weitere wichtige Eigenschaft von Synapsen besteht in der *synaptischen Plastizität.* Sie besagt, daß Synapsen bei häufiger Verwendung wachsen bzw. bei geringer Beanspruchung schrumpfen. Entsprechend können sie nachgeschaltete Neuronen stärker oder schwächer beeinflussen. Von dieser Eigenschaft leitet Donald O. Hebb die *Hebb´sche Hypothese* ab, welche besagt, daß das menschliches Lernen im Wachsen von Synapsen begründet ist.

Aus diesen Zusammenhängen aller wesentlichen Bausteine eines Neurons läßt sich das *Paradigma des Konnektionismus* ableiten, das auf folgender Idee basiert:

Informationsverarbeitung erfolgt durch Interaktion vieler einfacher, uniformer Einheiten, die anregende und hemmende Signale an andere Einheiten schicken.

Im Gegensatz zur ›klassischen KI‹ werden hier also Symbole nur implizit anhand verschiedener Aktivierungsmuster der Neuronen im gesamten Gehirn verteilt repräsentiert.

Dabei ist jedoch zu beachten, daß das Nachbilden des Gehirns mit Hilfe von Künstlichen Neuronalen Netzen (KNN) ein Unterfangen ist, das bereits an der Konfiguration des Mengengerüsts und der Komplexität des Modells scheitert. Führt man sich noch einmal die Menge der Neuronen und den Umfang ihrer Verflechtungen vor Augen, so stellen existierende Ansätze von KNN sehr eingeschränkte Nachbildungen einzelner Teilbereiche dar. Es wäre unsinnig und vermessen, Systeme, die auf der Basis von KNN arbeiten, als ganzheitlich und autonom aufzufassen.

5.3 Künstliche neuronale Zellen und Verbindungen

Jede künstliche neuronale Zelle wird als einfaches Verarbeitungselement betrachtet, bestehend aus gewichteten Eingabeverbindungen e_1, e_2, ..., e_n, die den Dendriten entsprechen, sowie einem Zellkörper und einem Ausgabekanal *a*, der ein Axon repräsentiert (vgl. Abb. 52).

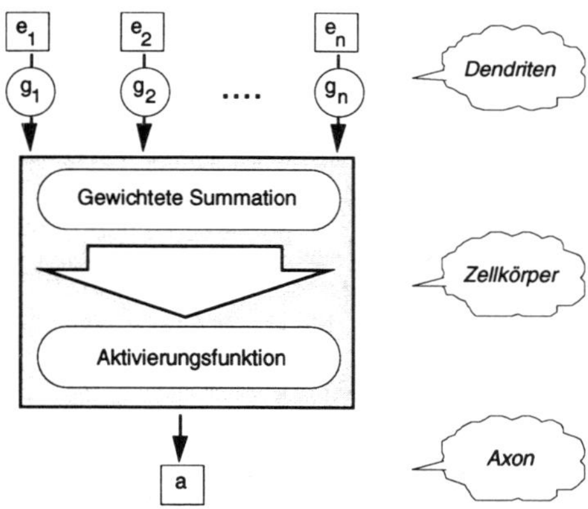

Abb. 52: Bausteine eines Künstlichen Neurons

Geht ein Signal beim Zellkörper ein, so wird unter Verwendung einer *Aktivierungsfunktion A* in Abhängigkeit von der Eingabe $e = (e_1,\ e_2,\ ...,\ e_n)$ und dem korrespondierenden Gewichtsvektor $g = (g_1,\ g_2,\ ...,\ g_n)$ eine Ausgabe *a* produziert:

$$a = A(e \circ g) \qquad (1)$$

Der Ausdruck ›g ∘ e‹ bezeichnet das Skalarprodukt zweier Vektoren

$$e_1 * g_1 + e_2 * g_2 + ... + e_n * g_n \quad (2)$$

und entspricht dem komponentenweisen Multiplizieren und anschließenden Addieren, also, in anderen Worten: der *gewichteten Summation* der Vektoren. Die Gewichte g_i wie auch die Eingabesignale e_j stehen i.a. für reelle Zahlen. Die Aktivierungsfunktion bestimmt, wie die eingehenden Signale zur Aktivität oder ›Erregung‹ des Elements beitragen können. Diese Aktivität ist analog zum Membranpotential eines Neurons zu sehen. Beim Überschreiten eines bestimmten Schwellwerts wird ein Ausgabesignal an alle nachgeschalteten Neuronen geschickt.

Die Aktivierungsfunktion A bestimmt, welches Signal an andere Elemente weitergegeben wird. Es gibt eine Reihe typischer Funktionen, zwei davon sind in Abb. 53 aufgezeigt:

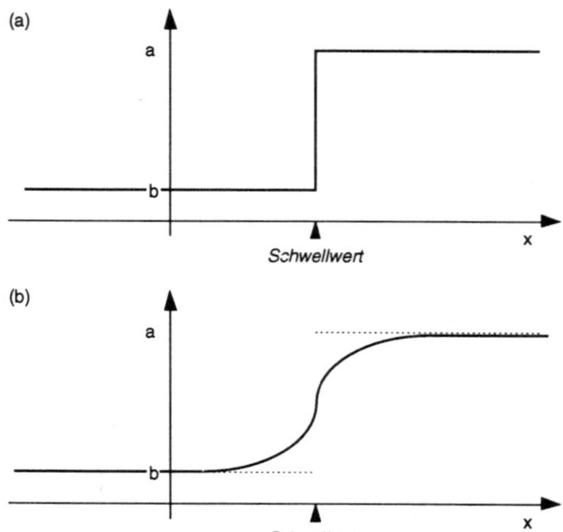

Abb. 53: Beispiele für typische Aktivierungsfunktionen: Sprungfunktion (a) und Sigmoidefunktion (b)

Die *Sprung-* oder *Treppenfunktion* in Abb. 54 (a) ist die am meisten verbreitete Aktivierungsfunktion. Sie ermöglicht es, die Verarbeitungselemente mit diskreten Zuständen zu aktivieren, beispielsweise:

$$A(x) = \begin{cases} a & \text{falls } x > \text{Schwellwert} \\ b & \text{falls } x \leq \text{Schwellwert} \end{cases} \quad (3)$$

In vielen Netztypen wird eine algorithmisch aufwendige Approximation der Schwellwertfunktion verwendet, eine sogenannte semi- oder quasilineare Aktivierungsfunktion. Der bekannteste Vertreter ist die *Sigmoidfunktion* (vgl. Abb. 53 (b)), deren Form an eine Sprungfunktion angenähert und im Gegensatz dazu auch ableitbar ist. Ein Beispiel für eine Sigmoidfunktion ist die Funktion:

$$A(x) = \frac{1}{1 + e^{-x}} \tag{4}$$

In diesem Sinn kann ein ganzes Netzwerk solcher einfacher Verarbeitungselemente erstellt werden, wobei die untereinander verbunden Zellen Signale austauschen. Welche Elemente von anderen Signale empfangen, entscheidet der ›Programmierer‹, indem er eine bestimmte Netztopologie wählt.

KNN sind i.a. mehrstufig, wobei die Neuronen, ähnlich dem Vorbild Gehirn (vgl. Abschnitt 5.1), in Schichten angeordnet sind (vgl. Abb. 54).

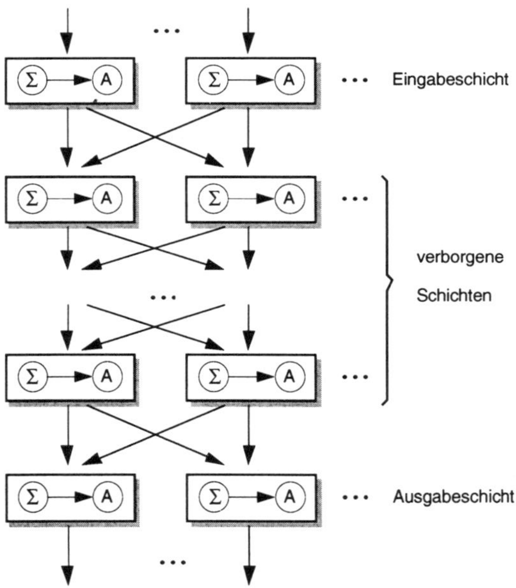

Abb. 54: Einfache Topologie eines mehrschichtigen KNN

Typisch sind KNN mit einer bis fünf Schichten, wobei in vielen Fällen alle Neuronen einer Schicht i mit allen Neuronen aus Schicht i+1 verbunden sind und die Signale durch Vorwärtsvermittlung ausschließlich von der Eingabe- in Richtung Ausgabeschicht fließen (engl. *feed-forward network*). Es gibt jedoch auch rückgekoppelte Verbindungen, die es erlauben, Signale von einer Schicht i zur Schicht i-1 zu schicken, oder Netze mit unvollständigen Verbindungen zwischen den Schichten, um nur einige Variationen zu nennen.

Die Elemente der Eingabeschicht (engl. *input units*) bilden die Schnittstelle für die Dateneingabe nach außen. Die Elemente der Zwischenschichten (engl. *hidden units*) unterliegen voll dem netzinternen Informationsfluß und sind von der Außenwelt total abgekapselt. Die Elemente der Ausgabeschicht (engl. *output units*) stellen das Ergebnis der Verarbeitung bereit.

5.4 Training Künstlicher Neuronaler Netze

KNN zeichnen sich dadurch aus, daß sie für ihre spezifische Aufgabe nicht bis in alle Einzelheiten programmiert werden müssen, sondern daß sie anhand vieler Beispiele für eine Aufgabe *trainiert* werden und sich dementsprechend selbst organisieren.

Das Training eines Netzes erfolgt i.a. in folgenden Schritten:

1) Eingabe von Testdaten und erwarteten Resultaten,
2) Verarbeitung der Daten, d.h. Weiterleitung durch die verborgenen Schichten an die Ausgabeschicht,
3) Vergleich der tatsächlichen mit den erwarteten Resultaten,
4) Rückkopplung von Impulsen zur Anpassung von Gewichten zwischen den einzelnen Schichten.

Wie im letzten Abschnitt erwähnt, bedeutet das Trainieren eines Netzes fast immer die Anpassung der ›synaptischen‹ Gewichte. Gewichte sind maßgeblich verantwortlich für die Reaktion einer Zelle beim Eintreffen eines Signals, wie aus Formel (2) ersichtlich ist.

Nimmt man einen hohen Wert für ein Eingangsgewicht, so reagiert die Zelle besonders empfindlich auf ein Eingangssignal. Ist der Wert gleich Null, so hat ein Signal keinerlei Wirkung auf die Aktivität der Zelle, und hat das Gewicht einen negativen Wert, so wirkt sich dies hemmend auf die Zelle aus. Diese Wirkung simuliert die synaptische Plastizität und macht die Lernfähigkeit von KNN aus. Die Veränderung der Gewichte bei der Rückkopplung wird durch eine *Lernregel* bestimmt.

Die Lernregel ist – neben der verwendeten Topologie und der Aktivierungsfunktion – die dritte wesentliche technische Komponente, die das Verhalten eines KNN-Systems bestimmt. Während die Aktivierungsregel die ›Erregung‹ einzelner Zellen steuert, beschreibt die Lernregel die Langzeitdynamik des Netzes. Sie sorgt dafür, daß sich während des Trainings schrittweise sinnvolle Werte der Gewichte herausbilden. Dies entspricht auch dem Lernverhalten des Menschen. Wenn ein Kleinkind Wörter hört und diese nachsprechen soll, so macht es anfangs noch viele Fehler, die sich dann aber nach und nach vermindern.

Nach diesem Überblick über die Komponenten, Eigenschaften und das Training Künstlicher Neuronale Netze möchte ich im Folgenden einige Beispiele verschiedener Netzwerktypen geben.

5.5 Perzeptrons

Das *Perzeptron* wurde in den fünfziger und sechziger Jahren von Frank Rosenblatt zur Interpretation visueller Eindrücke entwickelt. Perzeptronennetze besitzen i.a. eine einstufige Architektur und entsprechen einfachen linearen Netzwerken von Schwellwertelementen, arbeiten also mit einer Sprungfunktion.

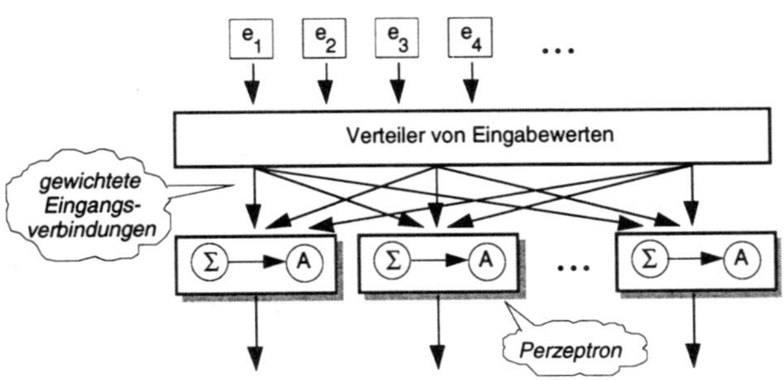

Abb. 55: Modell eines Perzeptrons

Das Perzeptron ist als Nachbildung der Retina des menschlichen Auges gedacht und rastert die einfallenden Stimuli (Reize). Eingehende Stimuli werden auf einer frei konfigurierbaren Eingangsebene verdichtet und an die eigentlichen Perzeptronen weiterverteilt (vgl. Abb. 55).

Jeder Eingabewert e_i entspricht einem Punkt im Raster. Folglich ist die Eingabe des Perzeptrons binär, d.h., nur die Werte Null und Eins sind zulässig. Gleiches gilt auch für die Ausgabewerte. Die einzelnen Verarbeitungselemente sind autonom. Beim ›überwachten Training‹, welches bei diesem Netztyp zur Anwendung kommt, werden jedem Perzeptron Testdaten der Form

(Eingabe, erwartetes Resultat)

übergeben. Das Training erfolgt in zwei Schritten:

- Lasse *Eingabe* durch das Netz laufen und berechne Ausgabe.
- Vergleiche *erwartetes Resultat* mit der Ausgabe und passe Gewichte entsprechend der Abweichung an.

Um das Verhalten des Perzeptrons zu erklären, möchte ich ein Beispiel geben: Sei n die Anzahl der Perzeptronen und m die Anzahl der Eingabesignale *EIN*, so erhält man eine Matrix *G* der Größe m x n, welche an jeder Position g_{ij} das Gewicht für den Eingang_i bei Perzeptron_j enthält. Die korrespondierenden Ausgabewerte *AUS* ergeben sich nach der Formel:

$$AUS = A(EIN * G) \qquad (5)$$

A bezeichnet die Aktivierungsfunktion. Der sich ergebende Fehler entsteht aus der Differenz des erwarteten Resultats und *AUS*. Ist der Fehler_i am Ausgang von Perzeptron_i gleich Null, so ist keinerlei Anpassung der Gewichte erforderlich. Ist der Fehler_i größer als Null, so sind die Gewichte an den Eingangskanälen von Perzeptron_i zu klein, müssen also vergrößert werden. Umgekehrtes gilt für einen Fehler kleiner als Null. Zu beachten ist, daß Fehler nur die Werte 1, 0 und -1 annehmen können.

Nach Feststellung des Fehlers werden die Gewichte nach folgender Formel angepaßt:

$$g_{ij} = g_{ij} + \alpha * Fehler_i * EIN_i \qquad (6)$$

Der Lernfaktor α kann, muß aber nicht, verwendet werden. Er bestimmt die Dauer des Trainings und hat in der Regel einen Wert zwischen 0 und 1. Ist α klein, so dauert das Training länger, ist α groß, so dauert es kürzer. In der Regel wird α linear verkleinert, z.B. von 0,7 auf 0,3. Ziel des Trainings ist eine monotone Abnahme des Fehlers, wobei die Konvergenz gegen einen akzeptablen Wert sehr lange dauern kann.

Einstufige Perzeptrons können Probleme lösen, die ›linear trennbar‹ sind, d.h., für zwei Eingabesignale e_1 und e_2 mit Gewichten g_1 und g_2 kann man die Ausgabe folgendermaßen berechnen

$$A(x) = \begin{cases} 1 & \text{falls } g_1 e_1 + g_2 e_2 > 0 \\ 0 & \text{falls } g_1 e_1 + g_2 e_2 \leq 0 \end{cases} \qquad (7)$$

wobei die Trennlinie bei $e_1 g_1 + e_2 g_2 = 0$ liegt. Dies ist in Abb. 56 dargestellt.

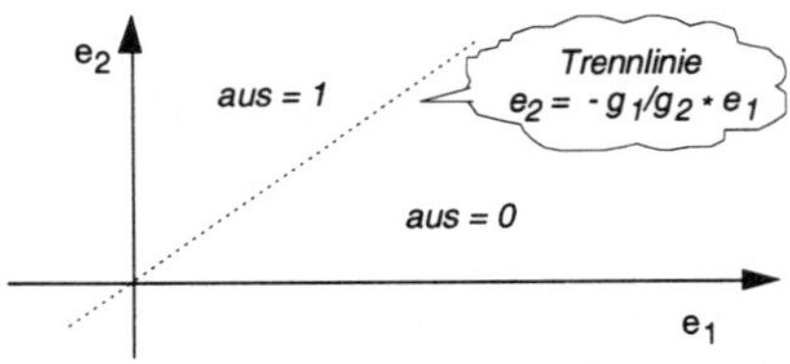

Abb. 56: Beispiel für die Trennbarkeit bei zwei Eingabekanälen

Nimmt man beispielsweise den *Boole´schen Operator* ›UND‹, der für zwei Eingangsverbindungen nur dann an der Ausgabe den Wert 1 ermitteln darf, falls an Eingangsverbindung e_1 und an Eingangsverbindung e_2 der Wert 1 anliegt. Sonst muß der Wert 0 angezeigt werden. Die entsprechende Wertetabelle dafür ist in Abb. 57 (b) dargestellt. Die Gewichte des Perzeptrons sind zu Beginn mit dem bei diesem Netzwerktyp üblicherweise verwendeten Wert 0 initialisiert (vgl. Abb. 57 (a)).

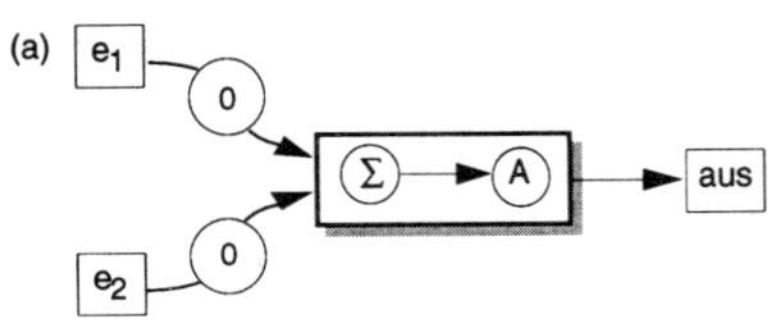

(b)

e_1	e_2	aus
0	0	0
0	1	0
1	0	0
1	1	1

Abb. 57: Perzeptron als Bool'scher Operator (a) und zugehörige Wertetabelle (b)

Indem man einen Schwellwert von z.B 1,5 wählt und den Lernfaktor im Intervall zwischen Null und Eins variiert, kann man ersehen, wie sich die Gewichte des Perzeptrons verändern und bei einem Wert einpendeln, so daß das nur einstufige Perzeptron dem Operator ›UND‹ entspricht.

Dies ist ein sehr einfaches Beispiel, das verdeutlichen soll, wozu einstufige Perzeptrons geeignet sind. Schon in den sechziger Jahren hat Marvin Minsky aufgezeigt, daß Perzeptronennetze nur linear trennbare Funktionen repräsentieren können. Falls man Probleme betrachten will, die keine lineare Trennbarkeit aufweisen, wie den *Boole´schen Operator* ›EXKLUSIVES ODER‹[13], muß man auf mehrstufige Netze ausweichen. Ein Typ solcher mehrstufiger Netze sind die *Backpropagationnetze*.

5.6 Backpropagationnetze

Ein Problem bei mehrstufigen Netzen liegt im Training der verborgenen Schichten: Zwar läßt sich an der Ausgabeschicht aufgrund des erwarteten Resultats die Abweichung zur Ausgabe direkt bestimmen, da jedoch keine Erwartung hinsichtlich der Zwischenresultate an den verborgenen Schichten besteht, kann der Fehler dort nicht festgestellt werden.

Um das Problem zu beheben, wird in mehrstufigen Netzen in zwei Schritten verfahren:

- Trainiere Ausgabeschicht wie bisher bei einstufigen Perzeptronnetzen, also ebenfalls durch überwachtes Lernen.
- Propagiere Abweichungen ›rückwärts‹ von der Ausgabeschicht über die verborgenen Schichten zur Eingabeschicht.

Diese Verfahrensweise bezeichnet man als Fehlerrückvermittlung (engl. *error-backpropagation*). Die entsprechenden Netze heißen Backpropagationnetze. Sie besitzen eine Eingabeschicht, eine Ausgabeschicht und mehrere (i.d.R. eine) verborgene Schichten, die oft weniger Elemente besitzen als Ein- und Ausgabeschicht.

Zur Berechnung der Ausgabe verwendet man i.a. Formel (5) und wählt eine sigmoide Aktivierungsfunktion aus (vgl. Abb. 53 (b)). Diese kann z.B. durch Formel (4) definiert sein. Zu beachten ist, daß die Elemente der Eingabeschicht ihre Werte unverändert an die Element der (untersten) verborgenen Schicht weitergeben.

Zum Trainieren des Netzes wird unterschieden nach den Elementen der Ausgabeschicht und den Elementen der verborgenen Schichten.

Für die Elemente der Ausgabeschicht wird als Lernregel die *Deltaregel* verwendet, die ein *delta* in Abhängigkeit von der erwarteten Ausgabe *AUS*, dem tatsächlichen Resultat *RES* und der Ableitung *A'* der verwendeten Aktivierungsfunktion berechnet:

$$delta = (RES - AUS) * A'(EIN \circ G) \quad (8)$$

Die Gewichte der Verbindungen zu den Elementen der verborgenen Schicht sowie der Ausgabeschicht werden gemäß diesem Fehlermaß angepaßt

$$g_i = g_i + \alpha * delta * EIN_i \quad (9)$$

Die Gewichtsveränderung entspricht also einer Vergrößerung, falls die Differenz von *RES* und *AUS* auch größer als Null ist, und einer Verkleinerung, falls sie kleiner als Null ist. Sie bleibt jedoch unverändert, falls die Differenz oder aber die Eingabe EIN_i gleich Null sind. Der Wert von *delta* wird maßgeblich von der Ableitung *A'* der Aktivierungsfunktion bestimmt. Er ist groß in der Nähe der Schwelle und klein an den Rändern. In Abb. 58 sind die Aktivierungsfunktion sowie ihre Ableitung skizziert. Der Lernfaktor α steuert die Geschwindigkeit des Lernens und nimmt Werte zwischen Null und Eins an.

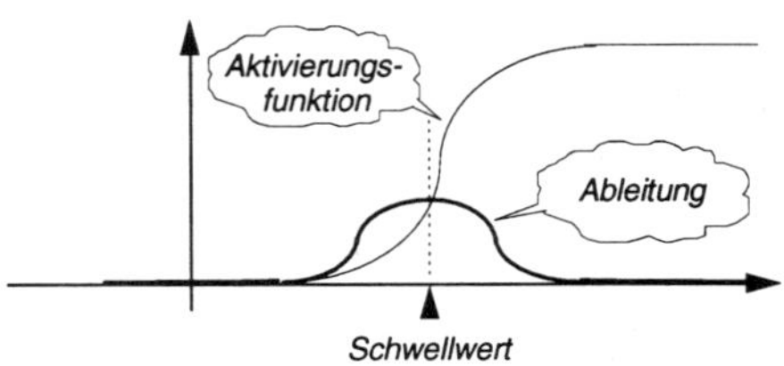

Abb. 58: Sigmoide Aktivierungsfunktion und deren Ableitung

Um zu verdeutlichen, wie Fehler von der Ausgangsschicht durch die verborgenen Schichten rückwärtsvermittelt oder rückwärtspropagiert werden, möchte ich die Graphik in Abb. 59 betrachten.

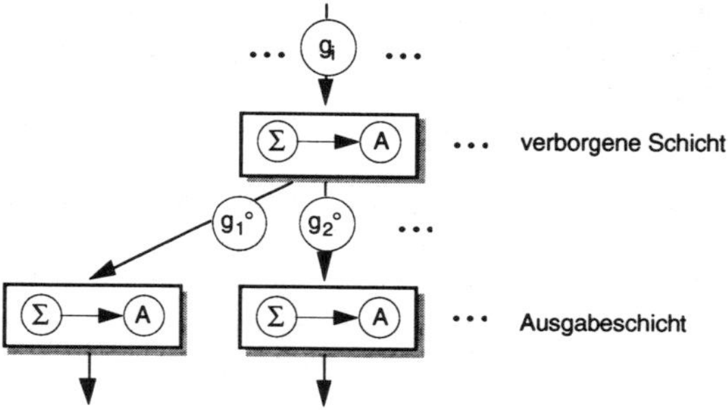

Abb. 59: Ausschnitt eines Backpropagationnetzes während des Lernens

Für das Training der verborgenen Schichten wird angenommen, daß die Gewichte der Verbindungen an den Elementen der Ausgabeschicht $g_i°$ entsprechend obiger Beschreibung trainiert seien. Das bedeutet, daß auch alle Fehler $delta_i$ feststehen. Damit ergibt sich eine modifizierte Lernregel der Form:

$$delta = (\sum_i g_i° * delta_i) * A'(EIN \circ G) \qquad (10)$$

Die Gewichte werden dann gemäß Formel (9) angepaßt. In diesem Fall muß beachtet werden, daß die $g_i°$ Gewichte von Verbindungen darstellen, die aus dem zu trainierenden Neuron herausführen, während die g_i Gewichte von Verbindungen sind, die in das zu trainierende Neuron hineinführen.

Eine wichtige Voraussetzung, daß das beschriebene Lernverfahren stattfinden kann, ist die Initialisierung der Verbindungsgewichte beim Start des Trainings mit unterschiedenen Werten zwischen Null und Eins. Würden alle Gewichte mit dem gleichen Wert initialisiert, so wäre die Ableitung für alle Elemente einer Schicht gleich. Dies bedeutet, daß Gewichtsveränderungen für die Verbindungen ebenfalls gleich wären und dadurch keinerlei Lernen möglich wäre.

Im Folgenden möchte ich die Nutzbarkeit von Backpropagationnetzen an einem Beispiel verdeutlichen. Nehmen wir folgende Aufgabe:

Entwerfe ein KNN (Backpropagationnetz), das anhand von Beispieleingaben Aussagen über das Krümmungsverhalten von Kurven macht.

Um diese Aufgabe in einem einigermaßen überschaubaren Rahmen zu halten, möchte ich zunächst eine Vereinfachung der Aufgabe vornehmen und die verschiedenen Typen von Kurven anhand von nur drei Punkten in einem Koordinatensystem beschreiben (vgl. Abb. 60).

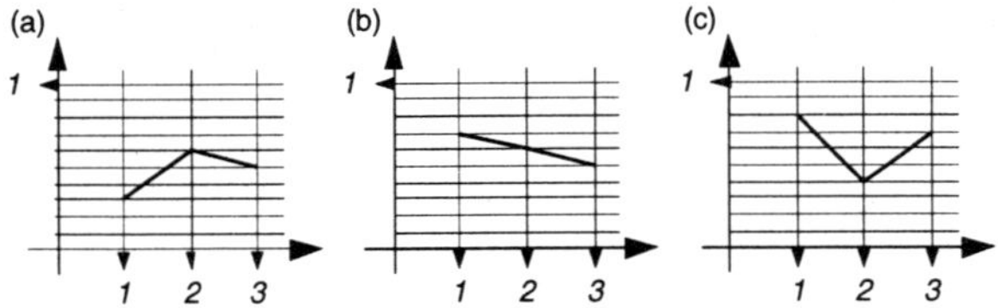

Abb. 60: Beschreibung von Kurventypen anhand von drei Punkten: nach unten geöffnet (a), gerade (b), nach oben geöffnet (c)

Die Abb. zeigt die drei möglichen Kurventypen. Die X-Achse bezeichnet die Punkte 1 bis 3, und die Y-Achse beschreibt die Werte der Punkte im Intervall zwischen Null und Eins.

Ziel ist es, ein Netz zu entwickeln, das als Eingabe die Y-Werte der Punkte erhält und daraus bestimmt, ob es sich dabei um eine Kurve des Typs (a), (b) oder (c) handelt. An der Eingabe werden Komponenten e_i eines Vektors (e_1, e_2, e_3) mit Werten zwischen Null und Eins belegt. An der Ausgabeseite wird entsprechend der Aufgabenstellung ein Resultatsvektor (a_1, a_2, a_3) erzeugt, wobei a_1 den Wert Eins annimmt, falls Typ (a) erkannt wurde. Entsprechendes gilt für a_2 und Typ (b) sowie a_3 und Typ (c). Jedoch kann immer nur genau eines der a_j den Wert Eins annehmen.

Gemäß diesen Angaben läßt sich ein Backpropagationnetz angeben mit drei Elementen in der Eingabeschicht und drei Elementen in der Ausgabeschicht. Die Anzahl der Elemente, die für dieses Problem auf der Zwischenschicht am sinnvollsten ist, kann nicht ohne weiteres bestimmt werden. Aus diesem Grund soll die Anzahl (zufällig) fünf betragen.

In Abb. 61 ist das entsprechende Netz dargestellt. Wir nehmen an, daß die Werte der Gewichte an den Verbindungen mit Hilfe eines Zufallsgenerators bestimmt wurden, was durchaus üblich ist.

Auf das Training dieses Netzes möchte ich nicht weiter eingehen, da schon bei diesem kleinen Netz eine sehr große Anzahl von Rückwärtspropagierungen benötigt werden. Der Idealfall ist, wenn

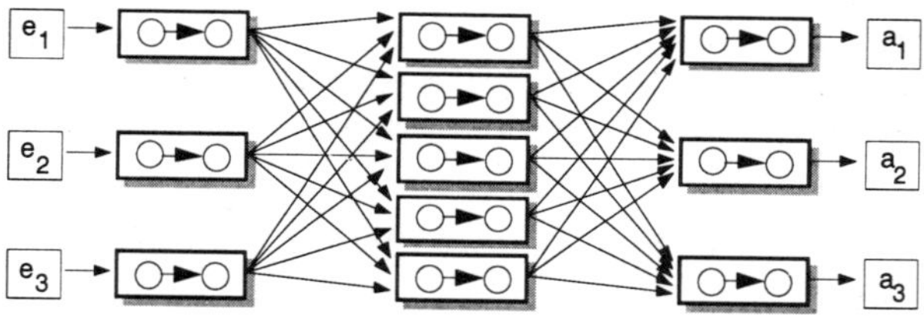

Abb. 61: Backpropagationnetz mit einer verborgenen Schicht

nach einer endlichen Zahl von Lernschritten und der Präsentation von Ein- und Ausgabemustern eine stabile Konfiguration erzeugt wäre, d.h., die Trainingsbeispiele werden reproduzierbar, und auf fremde Beispiele wird durch Assoziation bzw. Interpolation angemessen reagiert. Im konkreten Fall des behandelten Beispiels bedeutet dies: Liegt an der Eingabeschicht der Vektor (0,3, 0,1, 0,6) an, so soll ein Resultatsvektor (0, 0, 1) erzeugt werden, liegt der Vektor (0,2, 0,5, 0,8) an, dann soll (0, 1, 0) ausgegeben werden.

Es gibt noch zahlreiche andere Modelle, auf die ich aus Umfangsgründen hier nicht näher eingehen kann, die wichtigsten sind *Hopfield-Netze*, *Kohonen-Netze* und *Boltzmann-Netze*. In ihren beiden Bänden mit dem Titel ›Parallel Distributed Processing‹ geben JAMES L. MCCLELLAND und DAVID E. RUMELHART einen ausführlichen Überblick über KNN.

5.7 Bewertung Künstlicher Neuronaler Netze

Die neuronale Informationsverarbeitung ist – verglichen mit den herkömmlichen Methoden – kostspielig. Hohe Kosten entstehen durch die Speicherung großer Datenmengen auf schnellen Speichermedien und durch den extremen Rechenzeitbedarf, falls keine Spezialprozessoren verwendet werden. Bei größeren Netzkonfigurationen, die auf herkömmlichen Rechenanlagen installiert sind, muß man die Rechenzeit für das Lernen bzw. Training des Netzes fast mit Monaten kalkulieren.

Allgemein wartet man auf die nächste Generation der Hardware sowie verbesserter Netzmodelle. Damit werden sich sicher neue Anwendungen und Anwendungsgebiete eröffnen.

Die Hauptvorzüge der neuronalen Informationsverarbeitung sind:

Robustheit: In KNN besteht sozusagen eine Kollektivverantwortung der einzelnen Elemente. Das Versagen einiger Elemente hat nur einen geringen Leistungsabfall gegenüber dem Idealfall zur Folge. KNN sind vor allem für Aufgaben mit assoziierendem, interpolativem, klassifizierendem oder beurteilendem Charakter einsetzbar.

Parallelisierungsmöglichkeiten: Die in der neuronalen Informationsverarbeitung eingeführten Netzmodelle eignen sich hervorragend für Rechnerarchitekturen mit mehreren Prozessoren. Ideal wäre eine 1:1- Zuordnung von Netzwerkelementen und Prozessoren. Dies scheitert bisher an der großen Anzahl der erforderlichen Prozessoren bzw. der noch viel größeren Anzahl von Verbindungen zwischen den Prozessoren. Heute verfügbare Lösungsansätze beruhen auf Netzmodellen mit eingeschränkter Verbindungsstruktur bzw. auf Prozessoranordnungen mit Punkt-zu-Punkt-Verbindungen im hochdimensionalen Raum.

Adaptivität (›Lernen‹): Das Wissen des Neuronalen Netzes über dessen Anwendungsgebiet wird in Verbindungsstruktur und -gewichten – also verteilt – gespeichert. Verfahren zur Modifikation der Verbindungsstrukturen sind in allen Modellen vorhanden. Durch Präsentation von Eingangsmustern und den zugehörigen Ausgaben wird eine Anpassung des Netzes bewirkt. Ein explizites ›Programmieren‹ im Sinne einer Beschreibung aller Transformationen im Netz, also einer expliziten Angabe der Parametrierung der Verbindungsstruktur, ist bei der Anwendung des Lernverfahrens nicht erforderlich.

Die Möglichkeit, intelligentes Verhalten mit einem Computer zu simulieren, ist in starkem Maße davon abhängig, inwieweit der abstrakte Modellbildungsprozeß, wie er in unserer Sprache vollzogen wird, auf einen Computer übertragbar ist. In diesem Buch konnte ich lediglich einige grundlegende Formalismen erläutern, die für die Modellbildung wesentlich sind. Trotz aller ihrer Vorzüge sind sie aber nur in reduziertem Umfang in der Lage, menschliche Denkprozesse nachzubilden. Es gibt zahlreiche Begriffe und Eigenschaften, deren Komplexität und Zusammenhänge noch gar nicht erkannt sind, z.B. die Traurigkeit eines Gesichtsausdrucks, Emotionen beim Abschied oder der Geschmack eines guten Cognacs. Ihre Deutung entspringt eher der Intuition als einer sprachlich faßbaren Erklärung.

Das menschliche Gehirn ist das rätselhafteste und erstaunlichste aller menschlichen Organe. Äußerlich ist es eine gleichförmige, unscheinbare Ansammlung von Nervenzellen, deren Leistungsfähigkeit die heutiger, sehr viel schnellerer Computer übertrifft. Denn trotz eines „tausendfachen" Vorteils in der Verarbeitungsgeschwindigkeit sind die meisten Computerprogramme dem menschlichen Gehirn bei der Lösung intelligenter Aufgaben weit unterlegen. Dies beruht auf der extrem hohen Parallelität des Gehirns. Erste Ansätze von parallel arbeitenden Computersystemen hat man in der Informatik erfolgreich gestartet, ist jedoch noch Welten von der Leistung des Gehirns entfernt.

Die neuronale Informationsverarbeitung ist, verglichen mit den herkömmlichen Methoden, kostspielig. Hohe Kosten entstehen durch die Speicherung großer Datenmengen auf schnellen Speichermedien und durch den extremen Rechenzeitbedarf, falls keine Spezialprozessoren verwendet werden.

Bei all diesen Ansätzen der Forschung bleibt jedoch eine Frage offen: Wo liegen die Grenzen unseres Denkens? Wie können wir mit unserem Gehirn dieses selbst vollständig verstehen? Reicht dazu überhaupt der Platz – die Kapazität – aus?

Heute konzentriert sich die gesamte Forschungstätigkeit darauf, daß man klar abgegrenzte Bereiche des Gehirns verstehen, beschreiben und vereinfacht nachbilden will bzw. bereits nachgebildet hat. Wichtig in diesem Zusammenhang sind die progressiven Aspekte, die erzeugt werden. Modelle der Künstlichen Intelligenz sind sowohl Forschungsobjekt als auch -instrument, das den Menschen zu mehr Rationalität im Denken herausfordert.

Anmerkungen

[1] In der gleichen Ausgabe der Zeitschrift geben Paul M. Churchland und Patricia Smith Churchland ihre Argumente wieder, warum sie die Auffassung vertreten, daß Computer durchaus als denkende Maschinen anzusehen sind.

[2] Wir werden im Zusammenhang mit Künstlichen Neuronalen Netzen noch auf eine andere Art von Wissensdarstellung eingehen.

[3] Wenn ich im Folgenden von Prädikatenlogik spreche, so verstehe ich darunter die sogenannte Prädikatenlogik 1. Stufe.

[4] Es existiert eine Logik, die nicht zweiwertig ist. Sie wird mit dem Begriff ›Fuzzy-Logik‹ umschrieben und basiert auf einer linguistischen Variablen, die es erlaubt, Aussagen wie: ziemlich groß, sehr lange oder furchtbar schnell zu machen. Die Zuordnung einer Eigenschaft wird durch Zugehörigkeitswerte zwischen Null und Eins erzielt, z.B. ›Hans ist ziemlich groß‹ könnte etwa durch groß(Hans) = 0,8 ausgedrückt werden.

[5] In manchen prädikativen Systemen wird die leere Klausel auch mit dem Symbol q bezeichnet.

[6] Der etwas exotisch anmutende Name des Systems wird durch die Buchstaben gebildet, die in der Häufigkeitstabelle für geschriebenes Englisch an den Positionen sechs bis elf stehen.

[7] Diese Bezeichnung wird allgemein und unabhängig von dem betrachteten Beispiel verwendet.

[8] Zum Vergleich: Die Anzahl aller Atome des Universums beträgt ca. 10^{65}.

[9] gesprochen: ›ASTERN‹; A steht für englisch *admissible*.

[10] Den Namen des Systems wählte Weizenbaum nach George Bernard Shaw´s ›Pygmalion‹.

[11] Der ASCII Code ist die rechnerinterne Standardrepräsentation von Text.

[12] Ein Lexikon ist notwendig, weil Sprache i.a. nicht auf der Wortebene erzeugt, sondern lediglich angewendet wird; neue Wortschöpfungen entstehen oft durch Übernahme aus Fremdsprachen.

[13] Dieses Beispiel kann sich jeder Leser wie in Abb. 57 einmal graphisch veranschaulichen. EXKLUSIVES ODER bedeutet, daß sich an der Ausgabe nur dann der Wert 1 ergibt, falls **nur** an einem der beiden Eingangsverbindungen der Wert 1 anliegt.

Literaturangaben

ALLEN, JAMES: Natural Language Understanding, Benjamin/Cummings, Menlo Park, CA (1987).

DREYFUS, H.L./DREYFUS, S.E.: Mind over Machine, Macmillan/The Free Press (1985).

MATTOS, NELSON MENDOCA: An Approach to Knowledge Base Management, in: Lecture Notes in Artificial Intelligence, Springer Verlag Heidelberg (1991).

Künstliche Intelligenz, Time Life Bücher, Brepols S.A.-Turnhout (1989)

PUPPE, FRANK: Einführung in die Expertensysteme, Studienreihe Informatik, Springer Verlag, Heidelberg (1991).

RICH, E.: Artificial Intelligence, McGraw Hill (1983).

RICHTER, MICHAEL M.: Prinzipien der Künstlichen Intelligenz, Teubner Verlag, Stuttgart (1989).

RUMELHART, DAVID E./MCCLELLAND, JAMES L.: Parallel Distributed Processing, MIT Press, Cambridge, MA (1988).

SEARLE, JOHN R.: Ist der menschliche Geist ein Computerprogramm?, Spektrum der Wissenschaft (März 1990), S. 40–47.

SHANK, ROGER/ABELSON, R.: Scripts, Plans, Goals and Understanding, Erlbaum, Hillsdale, NJ (1977).

TANIMOTO, STEVEN L.: The Elements of Artificial Intelligence, Computer Science Press (1987).

WEIZENBAUM, JOSEPH: Computer Power and Human Reason, Freeman, San Francisco (1976).

WINOGRADOW, TERRY: Understanding Natural Language, Academic Press, New York (1976).

Register